Hochschultext

H. Petermann

Einführung in die Strömungsmaschinen

Dritte, überarbeitete Auflage

Mit 95 Abbildungen

Springer-Verlag
Berlin Heidelberg NewYork
London Paris Tokyo 1988

Dr.-Ing. HARTWIG PETERMANN
o. Professor, Technische Universität Braunschweig

ISBN-13:978-3-540-18326-6   e-ISBN-13:978-3-642-83218-5
DOI: 10.1007/978-3-642-83218-5

CIP-Kurztitelaufnahme der Deutschen Bibliothek
Petermann, Hartwig:
Einführung in die Strömungsmaschinen / H. Petermann.
3., überarb. Aufl.
Berlin ; Heidelberg ; New York ; Tokyo : Springer, 1988
 (Hochschultext)
 ISBN-13:978-3-540-18326-6

2362/3020-543210

Vorwort

Unter der Bezeichnung Strömungsmaschinen werden Turbinen, Kreiselpumpen, Turboverdichter, Propeller und Strömungsgetriebe zusammengefaßt. Strömungsmaschinen begegnen uns als Haupt- und Hilfsmaschinen in Kraftwerken, als Antriebsmaschi-
nen von Flugzeugen und Schiffen, als Hilfsmaschinen in vielen technischen Einrichtun-
gen der Industrie und des täglichen Lebens. Sie sind somit im Maschinenbau von grund-
legender Bedeutung. Deshalb braucht jeder Maschinenbauer Grundkenntnisse über Wirkungsweise und Anwendungsmöglichkeiten der Strömungsmaschinen.

Das vorliegende Buch soll diese Grundkenntnisse vermitteln. Es ist so abgefaßt, daß
es ohne Vorkenntnisse der Strömungslehre und der Thermodynamik verstanden werden
kann. Um ein Kennenlernen des gesamten Gebietes der Strömungsmaschinen mit möglichst geringem Arbeitsaufwand zu ermöglichen, werden die gemeinsamen Grundlagen
aller Strömungsmaschinen zusammenfassend behandelt. Der Lehrstoff ist so abgefaßt,
daß der Leser nach dem Studium dieses Heftes auf weiterführende Literatur übergehen
kann.

Beim Zeichnen der Abbildungen und beim Lesen der Korrekturen haben mich die
Angehörigen des Pfleiderer-Instituts für Strömungsmaschinen der Technischen
Universität Braunschweig unterstützt. Ihnen allen danke ich für ihre Hilfe.
Mein ganz besonderer Dank gilt meinem Nachfolger als Leiter des Pfleiderer-
Instituts für Strömungsmaschinen, Herrn Prof. Dr.-Ing. G. Kosyna, und meinen
langjährigen Mitarbeitern Herrn Prof. Dr.-Ing. M. Pekrun und Herrn Dr.-Ing.
R. Rotzoll, die mir wertvolle Anregungen gegeben haben. Dem Springer-Verlag
danke ich für die angenehme Zusammenarbeit und dafür, daß meinen Wünschen
weitgehendst entgegen gekommen wurde.

Braunschweig, im Sommer 1987   Hartwig Petermann

Inhaltsverzeichnis

1. Allgemeines

1.1. Formelzeichen und Einheiten[1]

Die Gleichungen dieses Buches sind - soweit nicht ausdrücklich anders vermerkt - Größengleichungen. Als Maß für die Stoffmenge und als Bezugsgröße für auf die Stoffmenge bezogene Größen dient die Masse. Es wird die Verwendung des Internationalen Einheitensystems (SI) empfohlen.

Einige Einheiten des SI-Systems

    Grundeinheiten

Länge: m (Meter)

Masse: kg (Kilogramm)

Zeit: s (Sekunde)

absolute Temperatur und Temperaturdifferenzen: K (Kelvin),

Celsius-Temperatur: $^{\circ}$C (Grad Celsius).

Abgeleitete kohärente Einheiten

Kraft: $kg\,m/s^2$ = N (Newton)   spez. Volumen: m^3/kg

Druck: N/m^2 = Pa (Pascal)   spez. Arbeit: Nm/kg = J/kg = m^2/s^2

Arbeit: Nm = J (Joule)   Volumenstrom: m^3/s

Leistung: Nm/s = J/s = W (Watt)   Massestrom: kg/s

Dichte: kg/m^3 Gaskonstante, spez. Wärme: $\dfrac{Nm}{kg\,K}$ = $\dfrac{J}{kg\,K}$

Dezimale Vielfache und Teile von Einheiten werden durch Vorsetzen der folgenden Buchstaben gekennzeichnet (vgl. DIN 1301):

T (Tera)	das 10^{12}fache		m (Milli)	das 10^{-3}fache
G (Giga)	das 10^{9}fache		μ (Mikro)	das 10^{-6}fache
M (Mega)	das 10^{6}fache		n (Nano)	das 10^{-9}fache
k (Kilo)	das 10^{3}fache		p (Pico)	das 10^{-12}fache

---

[1] Vgl. hierzu die DIN-Blätter 1301; 1313; 1944; 5492; 24260. - Gesetz über Einheiten im Meßwesen v. 2.7.69 und Ausführungsverordnung v. 26.6.70 (Bundesgesetzblatt 1970 I Nr.62 v. 30.6.70).

Einige nichtkohärente Einheiten und ihre Umrechnungsfaktoren:

Stunde: $1\,h = 3600\,s$

Pferdestärke: $1\,PS = 735,5\,W$

Kilokalorie: $1\,kcal = 4186,8\,J \approx 4190\,J$

Kilopond: $1\,kp = 9,80665\,N \approx 9,81\,N$

Atmosphäre: $1\,at = 1\,kp/cm^2 = 98066,5\,N/m^2$

Bar: $1\,bar = 10^5\,N/m^2$

Die wichtigsten Formelzeichen und ihre Bedeutung

Formel-zeichen	Bedeutung	kohärente Einheit im SI-System
a	Schallgeschwindigkeit	m/s
A	Querschnittsfläche	m^2
b	Schaufelbreite, im Axialschnitt senkrecht zur Durchflußrichtung	m
c	Absolutgeschwindigkeit	m/s
c_m	Meridiankomponente (Durchsatzkomponente) der Strömung	m/s
c_p	spezifische Wärme bei konstantem Druck	$J/kg\,K$
c_u	Umfangskomponente der Absolutgeschwindigkeit	m/s
c_v	spezifische Wärme bei konstantem Volumen	$J/kg\,K$
c_y	Geschwindigkeit, die bei verlustloser Umsetzung von Y entstehen würde	m/s
d	Rohrdurchmesser	m
d_n	Nabendurchmesser	m
D	Durchmesser	m
e	Höhendifferenz	m
e	Schaufelerstreckung in Durchflußrichtung	m
e_S	geodätische Saughöhe	m
E	spezifische Energie, d.h. auf die Masseneinheit bezogene Arbeit (Bernoulli-Konstante)	J/kg
F	Kraft	N
g	örtliche Fallbeschleunigung	m/s^2
h	Enthalpie (Wärmeinhalt)	J/kg
Δh_p	spez. Arbeit zur verlustlosen Überwindung eines Druckunterschiedes (Enthalpiedifferenz)	J/kg

Formel- zeichen	Bedeutung	kohärente Einheit im SI-System
Δh_s	spez. Arbeit zur verlustlosen Überwindung eines Druckunterschiedes bei Wärmeisolation (Enthalpiedifferenz bei konstanter Entropie s)	J/kg
H	Fallhöhe bzw. Förderhöhe	m
i	Stufenzahl (bei Druckstufen)	–
j	Stufenzahl (bei Geschwindigkeitsstufen)	–
J	Impuls	$kg\,m/s$
k_g	Rückgewinnungsfaktor	–
k_m	Rückgewinnungsfaktor für die Meridiankomponente	–
k_n	Querschnittszahl zur Berücksichtigung der Querschnittsverengung durch die Nabe	–
k_u	Rückgewinnungsfaktor für die Umfangskomponente	–
k_z	Erfahrungszahl zur Festlegung der Schaufelzahl	–
l	Rohrlänge	m
L_s	Spaltlänge	m
$\dot{m}$	Massestrom	kg/s
M	Moment	Nm
n	Drehzahl	U/s
n_q	spezifische Drehzahl (Radformkennzahl)	–
NPSH	Haltedruckhöhe	m
p	Minderleistungszahl	–
p	statischer Druck	N/m^2
p_A	absol. Druck auf dem Saugwasserspiegel	N/m^2
p_{ges}	Gesamtdruck	N/m^2
p_T	Dampfdruck	N/m^2
P	Wellenleistung	W
P_{Fluid}	Fluidleistung	W
P_i	innere Leistung	W
P_m	mechanische Verlustleistung	W
P_r	Radreibungsverlustleistung	W
P_r' bzw. P_r''	Ventilationsverlustleistung	W
P_{Schub}	Schubleistung	W
P_{Tr}	Triebwerksleistung	W

Formel- zeichen	Bedeutung	kohärente Einheit im SI-System
q	Wärmeabgabe an das Kühlwasser bezogen auf den vom Verdichter geförderten Massestrom	J/kg
r	Radius	m
R	Gaskonstante	J/kg K
Re	Reynolds-Zahl	–
r	Reaktionsgrad	–
s	Schaufelstärke	m
s	Spaltweite	m
S	statisches Moment	m^2
S	Schubkraft	N
S'	Schubkraft bezogen auf den Massestrom	m/s
S_q	Saugkennzahl	–
t	Schaufelteilung	m
t	Temperatur	$^\circ$C
T	absolute Temperatur	K
Δt	wirkliche Temperaturdifferenz	K
Δt_s	Temperaturdifferenz bei isentropem Zustandsverlauf	K
u	Umfangsgeschwindigkeit	m/s
v	spezifisches Volumen	m^3/kg
v	Fahrzeuggeschwindigkeit	m/s
$\dot{V}$	Volumenstrom	m^3/s
$\dot{V}'$	Durch das Laufrad fließender Volumenstrom	m^3/s
$\dot{V}_{sp}$	Spaltstrom	m^3/s
$\dot{V}_{Pump}$	Förderstrom an der Pumpgrenze	m^3/s
w	Relativgeschwindigkeit	m/s
w_u	Umfangskomponente der Relativgeschwindigkeit	m/s
Δy	Halteenergie	J/kg
Y	spezifische Stutzenarbeit	J/kg
ΔY	spezifische Stufenarbeit	J/kg
Y_i	innere spezifische Arbeit	J/kg
Y_{Sch}	spezifische Schaufelarbeit	J/kg
$Y_{Sch\,\infty}$	theoretische spez. Schaufelarbeit bei unendlich vielen Laufschaufeln, d.h. bei schaufelkongruenter Strömung	J/kg
Y_{Schub}	spezifische Schubarbeit	J/kg
Y_{Sp}	spezifische Spaltdruckarbeit	J/kg

Formel- zeichen	Bedeutung	kohärente Einheit im SI-System
Y_{Tr}	spezifische Triebwerksarbeit	J/kg
z	Ortshöhe	m
z	Laufschaufelzahl	–
Z_h	Schaufelverlust	J/kg
Z_r	Radreibungsverlust	J/kg
Z_R	Rohrleitungsverlust	J/kg
Z_S	Verlust in der Saugleitung	J/kg
Z_{st}	Stoßverlust	J/kg
Z_u	Verlust in den Laufschaufelkanälen	J/kg
α	Winkel zwischen u und c, bzw. Leit- schaufelwinkel	o
α	Kontraktionszahl	–
β	Winkel zwischen w und der negativen u-Richtung, bzw. Laufschaufelwinkel	o
δ_r	Drallzahl	–
ε bzw. ε^2	Einlaufzahl bzw. Auslaßwert	–
ε	Beaufschlagungsgrad	–
η	Gesamtwirkungsgrad	–
η_{DL}	Diffusor- bzw. Düsenwirkungsgrad des Leitrades	–
η_h	hydraulischer Wirkungsgrad	–
η_i	innerer Wirkungsgrad	–
η_m	mechanischer Wirkungsgrad	–
η_V	Vortriebswirkungsgrad	–
$\varkappa$	Exponent für isentrope Zustands- änderungen $= c_p/c_v$	–
λ	Erfahrungszahl zur Berechnung der Halteenergie	–
λ	Reibungsbeiwert	–
μ	Mehrarbeitsbeiwert	–
μ	Durchflußzahl	–
ρ	Dichte	kg/m^3
σ	Schaufelstärke in Umfangsrichtung gemessen	m
σ	Thomasche Kavitationszahl	–
φ	Beiwert zur Berechnung des Stoß- verlustes	–
ψ	Druckzahl	–

Formel- zeichen	Bedeutung	kohärente Einheit im SI-System
Ψ'	Erfahrungszahl zur Berechnung der Minderleistung	–
Ψ_{mittel}	mittlere Druckzahl	–
ω	Winkelgeschwindigkeit des Laufrades	1/s
ω_{Fl}	Winkelgeschwindigkeit der Flüssigkeit	1/s

Fußzeichen	Bedeutung
0	eine Stelle in der Strömung an der Saugseite der Laufradbeschaufelung außerhalb des Laufschaufelkanals
1	eine Stelle in der (gedachten)schaufelkongruenten Strömung an der Saugseite der Laufradbeschaufelung innerhalb des Laufschaufelkanals
2	eine Stelle in der (gedachten) schaufelkongruenten Strömung an der Druckseite der Laufradbeschaufelung innerhalb des Laufschaufelkanals
3	eine Stelle in der Strömung an der Druckseite der Laufradbeschaufelung außerhalb des Laufschaufelkanals
4	eine Stelle an der Seite der Leitradbeschaufelung, welche der Druckseite der Laufradbeschaufelung gegenüber liegt.
5	eine Stelle an der anderen Seite der Leitradbeschaufelung, die also im Bereich höheren Druckes liegt
a	außen
D	auf der Druckseite bzw. im Druckstutzen
i	innen
P	bei Betrieb als Pumpe
s	mit konstanter Entropie
S	auf der Saugseite bzw. im Saugstutzen
sp	auf den Spalt bezogen
stat	statischer Wert
T	bei Betrieb als Turbine
x	vom Berechnungspunkt abweichender Wert

1.2. Kontinuitätsgleichung, Bernoulli-Satz, Drallströmung

Zunächst sollen einige Grundbegriffe der Strömungslehre erklärt werden.

Kontinuitätsgleichung

Wir betrachten eine stationäre, d.h. zeitlich unveränderliche, Strömung in einer Rohrleitung (Abb.1.1), deren Querschnitt sich von A_1 auf A_2 verkleinert. Unter der

Annahme, daß durch diese Rohrleitung ein inkompressibles Fluid (d.h. eine Flüssigkeit, z.B. Wasser) fließt, gilt für den Volumenstrom

$$\dot{V} = A_1 c_1 = A_2 c_2,$$ (1,1)

wobei c_1 bzw. c_2 die in den Querschnitten A_1 bzw. A_2 herrschenden mittleren Strömungsgeschwindigkeiten sind. Falls durch die Rohrleitung ein kompressibles Fluid

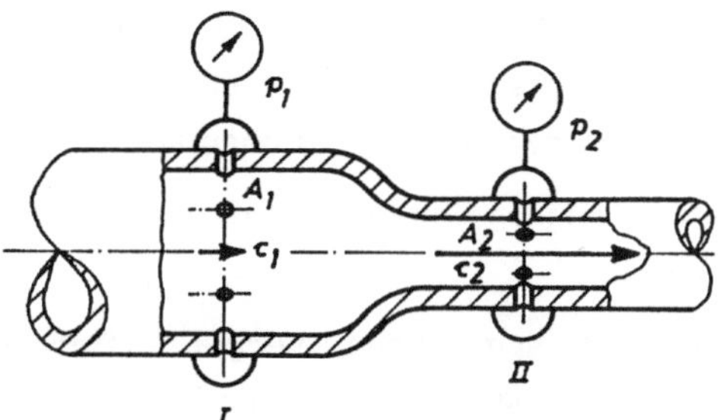

Abb.1.1. Rohrleitung mit verjüngtem Querschnitt.

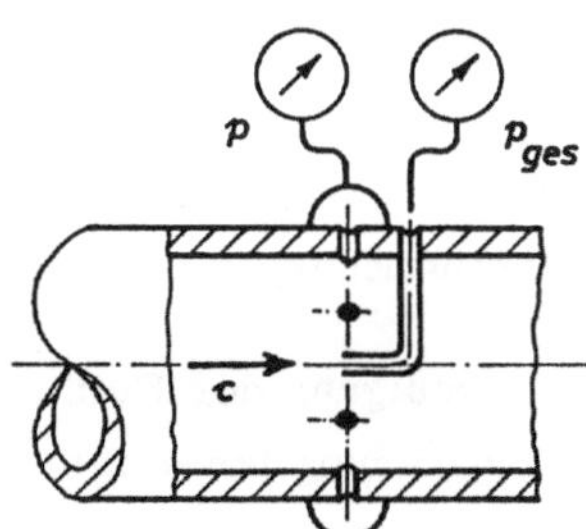

Abb.1.2. Messung des statischen Druckes p und des Gesamtdruckes p_{ges} in einer Rohrleitung.

(Gas oder Dampf) fließt, betrachtet man anstelle des dann sich verändernden Volumenstroms $\dot{V}$ den konstant bleibenden Massestrom $\dot{m}$.

$$\dot{m} = \dot{V}\,\rho = A_1 c_1 \rho_1 = A_2 c_2 \rho_2,$$ (1,2)

mit ρ = Dichte des Fluids.

Die Gln.(1,1) und (1,2) bezeichnet man als Kontinuitätsgleichungen.

Bernoulli-Satz
Abb.1.2 zeigt Möglichkeiten der Messung des statischen Druckes p und des Gesamtdruckes p_{ges}

$$p_{ges} = p + \rho\,\frac{c^2}{2}.$$ (1,3)

$\rho\,c^2/2$ bezeichnet man als dynamischen Druck oder Staudruck. Der Gesamtdruck ist also die Summe aus dem statischen Druck und dem dynamischen Druck. Werden in einer Strömung (Abb.1.2) p_{ges} und p gemessen und ist die Dichte ρ des Fluids bekannt, so läßt sich daraus mittels Gl.(1,3) die Strömungsgeschwindigkeit c errechnen.

Die auf die Masse bezogene Arbeitsfähigkeit (d.h. die spezifische Energie) eines Fluids setzt sich zusammen aus:

1. Der spezifischen Druckenergie, die bei einem inkompressiblen Fluid gleich p/ρ ist.
2. Der spezifischen Geschwindigkeitsenergie $c^2/2$.
3. Der spezifischen Energie der Lage gz, mit g = örtliche Fallbeschleunigung (z.B. $g = 9,81\,m/s^2$) und z = Höhenlage.

Bei Bestimmung der Höhenlage z und des Druckes p ist von einem Bezugsniveau auszugehen.

Die gesamte spezifische Energie E (Bernoulli-Konstante) ist die Summe dieser drei Größen. Bei einem inkompressiblen Fluid erhalten wir

$$E = \frac{p}{\rho} + \frac{c^2}{2} + gz. \qquad (1,4)$$

Der Bernoulli-Satz besagt, daß die spezifische Energie E in einer Strömung konstant bleibt, wenn keine Energie zu- oder abgeführt wird.

Unter Vernachlässigung der Reibung lautet der Bernoulli-Satz für die in Abb.1.1 dargestellte Rohrströmung bei einem inkompressiblen Fluid

$$E_I = E_{II} = \frac{p_1}{\rho} + \frac{c_1^2}{2} + gz_1 = \frac{p_2}{\rho} + \frac{c_2^2}{2} + gz_2. \qquad (1,4a)$$

D r a l l s t r ö m u n g
Wir stellen uns einen offenen, runden Behälter vor, in den wir tangential eine ideale, reibungsfreie Flüssigkeit einleiten, die in der Mitte des Behälters nach unten abfließt (Abb.1.3). Die Strömung wird dem Gesetz des konstanten Dralls

$$r\,c_u = \text{const.} \qquad (1,5)$$

folgen. Dabei ist r der Radius und c_u die Umfangskomponente der absoluten Strömungsgeschwindigkeit c. Grob angenähert soll hier $c \approx c_u$ gesetzt werden. Der sich aus Gl.(1,5) ergebende Verlauf der Geschwindigkeit c_u über dem Radius des Behälters ist in Abb.1.3 eingezeichnet. Man erkennt, daß die Geschwindigkeit innen erheblich größer als außen ist. Es gilt hier der Bernoulli-Satz, d.h. der Betrag von Gl.(1,4) muß konstant bleiben. Der Anstieg der Strömungsgeschwindigkeit c muß durch entsprechende Absenkungen des Druckes p bzw. der Ortshöhe z ausgeglichen werden.

Ein unmittelbar an der Oberfläche strömendes Flüssigkeitsteilchen hat stets den Atmosphärendruck, weshalb ein solches an der Oberfläche strömendes Flüssigkeits-

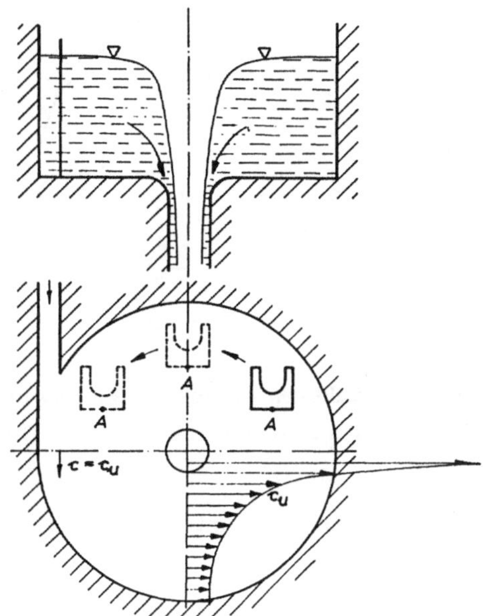

Abb.1.3. Drallströmung in einem offenen Behälter. A bezeichnet ein auf der Oberfläche schwimmendes Holzstück.

teilchen eine größere Strömungsgeschwindigkeit nur durch eine Verminderung der Ortshöhe z erreichen kann. Deshalb stellt sich bei einer solchen Drallströmung die im oberen Teil der Abb.1.3 dargestellte Form der Oberfläche der Strömung ein.

Wenn wir auf die Oberfläche der in Abb.1.3 dargestellten Strömung ein Stück Holz legen, so werden wir feststellen, daß die mit A bezeichnete Seite des Holzstückes stets nach einer Seite (in Abb.1.3 nach unten) zeigt. Das Holzstück führt wohl eine kreisende Bewegung aus, es dreht sich aber nicht um die eigene Achse. Eine Drallströmung ist also eine drehungsfreie Strömung, die auch Potentialwirbel genannt wird.

Starrer Wirbel

Unter einem starren Wirbel versteht man im Unterschied zum Potentialwirbel eine Strömung, bei der das Fluid wie ein fester Körper mit vom Radius unabhängiger Winkelgeschwindigkeit ω = const. rotiert. Sie tritt z.B. auf, wenn wir einen Eimer mit Wasser auf eine Drehscheibe stellen und längere Zeit rotieren lassen, bis das Wasser durch Reibung die gleiche Winkelgeschwindigkeit angenommen hat, wie der Eimer. Die Geschwindigkeit jedes Teilchens ist dann $c = c_u = r\omega$. Ein auf die Oberfläche gelegtes Stück Holz wird von der Strömung nicht nur auf der Kreisbahn mitgenommen, sondern auch gedreht, und zwar mit der gleichen Winkelgeschwindigkeit ω wie die Flüssigkeit und der Eimer. Es zeigt also immer die eine in Abb.1.4 mit A bezeichnete Seite nach innen. Die Strömung des starren Wirbels ist also nicht drehungsfrei. Die freie Oberfläche stellt sich nach einer Parabel ein. Auch der Druck am ebenen Boden des Eimers verläuft über dem Radius nach einer Parabel. Die Flüssigkeits-

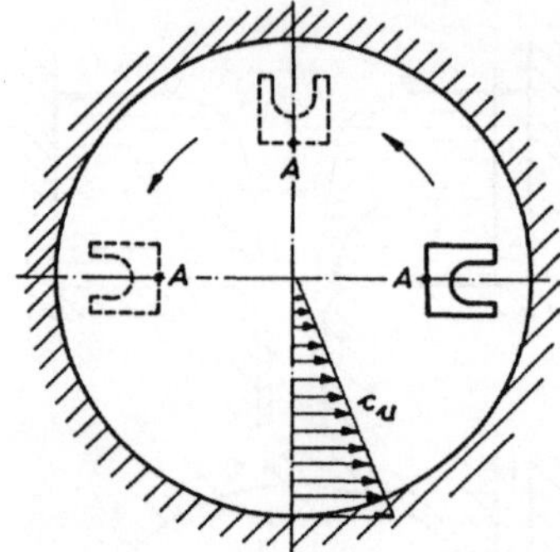

Abb.1.4. Starrer Wirbel.

teilchen am äußeren Radius haben also nicht nur höhere Geschwindigkeitsenergie als die in der Mitte, sondern auch höhere Druckenergie und/ oder höhere Energie der Lage.

Die Gesamtenergie nimmt bei einem starren Wirbel also von innen nach außen zu und zwar auch parabelförmig.

1.3. Aufgabe und Arbeitsprinzip der Strömungsmaschinen

Eine Strömungsmaschine hat die Aufgabe, entweder als Turbine einem Fluid (d.h. einer Flüssigkeit, einem Gas oder einem Dampf) Energie zu entziehen und diese Energie in mechanische Arbeit umzuwandeln oder als Pumpe einem Fluid Energie zuzuführen; unter der gemeinsamen Bezeichnung "Pumpen" sollen im folgenden die Strömungsmaschinen verstanden werden, die Energie von einer rotierenden Welle auf ein Fluid übertragen. Die Art der Aufgabe und die Art des Fluids hat dabei einen Einfluß auf die Konstruktion der Strömungsmaschinen. Bei Turbinen ist zu unterscheiden zwischen Wasserturbinen, Dampfturbinen, Gasturbinen und Windturbinen (häufig auch als Windräder bezeichnet); bei den Pumpen gibt es einerseits Kreiselpumpen für Flüssigkeiten und andererseits Turboverdichter und Ventilatoren für Gase und Dämpfe.

Die Strömungsmaschinen stehen im Wettbewerb mit den Kolbenmaschinen, die prinzipiell die gleichen Aufgaben zu erfüllen haben. Bei großen Volumenströmen überwiegen die Vorteile der Strömungsmaschinen. Nach unten - also zu den kleinen Volumenströmen und damit zu den kleinen Leistungen hin - ist das Arbeitsgebiet der Strömungsmaschinen begrenzt durch das Arbeitsgebiet der Kolbenmaschinen. Die Begrenzung des Arbeitsgebietes der Strömungsmaschinen nach oben ergibt sich allgemein aus dem Bedarf, d.h. durch den Benutzer und nicht durch die Herstellung oder Konstruktion. Je größer die gewünschte Leistung je Maschineneinheit ist, desto günstiger wird der Wirkungsgrad der Strömungsmaschine und desto geringer werden auch die Herstellungskosten, wenn man diese auf die Leistung bezieht.

Es ist der Strömungsmaschine vorbehalten, große Leistungen umzusetzen, wobei das Maschinengewicht und der Raumbedarf im Vergleich zur Kolbenmaschine sehr gering sind. Da die Technik sich zu Maschinen mit immer größeren Leistungen hin entwickelt, steigt die Bedeutung der Strömungsmaschinen laufend an.

Das Kennzeichen der Strömungsmaschinen ist das mit Schaufeln besetzte, gleichmäßig umlaufende Laufrad, dessen Schaufeln von einem Fluid umströmt werden. Bei dieser Umströmung der Laufschaufeln entsteht ein Strömungsdruck, der die Arbeitsleistung bewirkt. Die Ursache des Strömungsdruckes und damit der Leistungsübertragung ist die Trägheitswirkung der Masse des Fluids. Diese Trägheitskräfte entstehen durch Beschleunigung, Verzögerung und Richtungsänderung der Strömung.

Eine Turbine gibt (ebenso wie ein Elektromotor) an der Welle ein Drehmoment ab. Bei den meisten Turbinen wird (ebenso wie bei einem Elektromotor) das dem abgegebenen Drehmoment entsprechende Gegenmoment über das Gehäuse auf die ruhende Umgebung übertragen.

Bei einer Windturbine, die auch Windrad genannt wird, fehlt das Gehäuse. Dort hat die austretende Strömung eine kreisende Bewegung, die - entsprechend dem Impulsmomentensatz - den Gegenwert des vom Laufrad übertragenen Drehmomentes darstellt. Eine austretende Strömung mit kreisender Bewegung ist aber unerwünscht, da die Umfangs-Geschwindigkeitskomponenten einen Energieverlust darstellen. Die meisten Strömungsmaschinen vermeiden diesen Energieverlust durch ein unmittelbar hinter oder auch vor dem Laufschaufelgitter mit dem Gehäuse fest verbundenes Leitschaufelgitter (Leitrad), welches ein dem Laufraddrehmoment entsprechendes Gegenmoment auf das Gehäuse und damit auf die ruhende Umgebung überträgt. So wird erreicht, daß die aus der Strömungsmaschine austretende Strömung keine kreisende Bewegung hat.

Während im Laufrad dem durchströmenden Fluid Energie zugeführt (Pumpe) oder entzogen (Turbine) wird, bleibt im Leitrad (abgesehen von den Verlusten) die Energie der Strömung konstant. Bei einem reibungsfreien Fluid gilt deshalb für die Leitradströmung - im Gegensatz zur Strömung durch das Laufrad - der Bernoulli-Satz (vgl. Gln. (1,4) und (1,4a)). Neben der oben erwähnten Umlenkung wird im Leitrad in der Regel bei der Turbine Druckenergie in Geschwindigkeitsenergie (ähnlich wie bei dem in Abb. 1.1 dargestellten Rohr) und bei der Pumpe Geschwindigkeitsenergie in Druckenergie umgesetzt. Kanäle zur Beschleunigung nennt man Düsen; Kanäle zur Verzögerung nennt man Diffusoren.

Die meisten Strömungsmaschinen bestehen also aus einem Laufrad, welches auf der Welle befestigt ist, und aus einem Leitrad, welches im Gehäuse befestigt ist.

Ein Wasserrad (Abb. 1.5) ist <u>keine</u> Strömungsmaschine, da hier <u>kein</u> Umströmen der Laufschaufeln vorliegt. Hier werden vielmehr die nur einseitig offenen Schaufel-

zellen oben aufgefüllt und unten entleert, wobei die Arbeitsleistung durch die örtliche
Fallbeschleunigung bewirkt wird. In einem Erdsatelliten mit der örtlichen Fallbeschleunigung g = 0 kann ein Wasserrad keine Leistung übertragen. In einer Strömungsmaschine dagegen ist die Leistungsübertragung unabhängig von der örtlichen
Fallbeschleunigung.

Abb. 1.6a und b zeigt eine axiale Strömungsmaschine, bestehend aus einem Laufrad,
einem Leitrad und einem die Beschaufelungen umgebenden Gehäuse. Der linke Teil

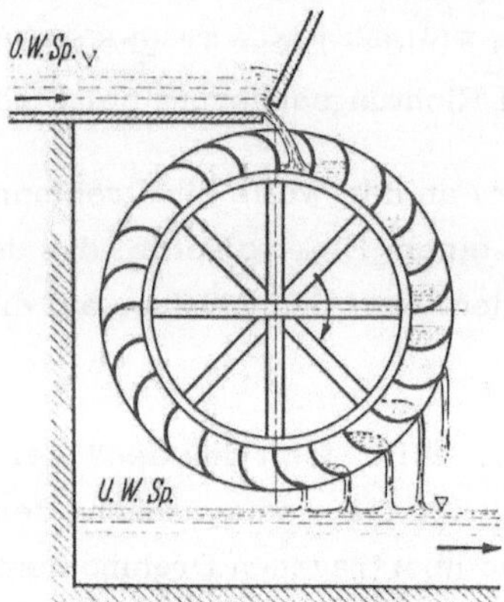

Abb. 1.5. Wasserrad.

der Abbildung zeigt einen Axialschnitt, bei dem die Schaufeln nicht geschnitten wurden. Die Umrißkanten der Schaufeln wurden vielmehr zirkular, d.h. durch Umklap-
pen um die Drehachse in die Zeichenebene hinein projiziert. Statt der Schaufeln werden
also im Axialschnitt, der auch Meridianschnitt genannt wird, nur die Umrißkanten der Rotationshohlräume der Beschaufelungen aufgezeichnet. Die in Abb. 1.6a und b

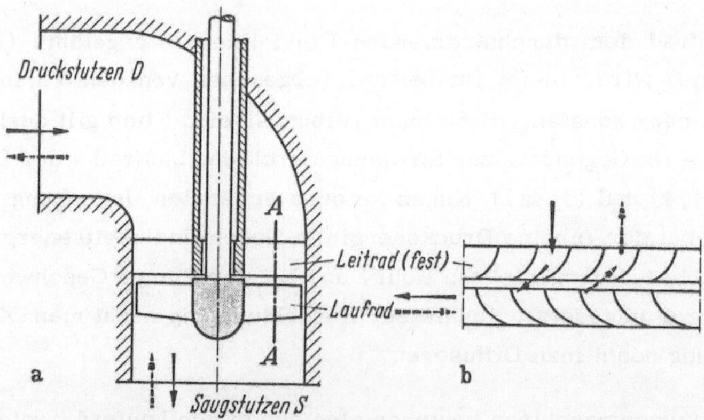

Abb. 1.6a u. b.   Axiale Strömungsmaschine.
                 a) Axialschnitt (Meridianschnitt);
                 b) Abwicklung des nach A-A durch die Maschine gelegten Zylinder-
                 schnitts. Fall der Turbine: ganz gezeichnete Pfeile. Fall der Pumpe:
                 gestrichelt gezeichnete Pfeile.

dargestellte Strömungsmaschine kann als Turbine oder als Pumpe arbeiten. Die Bewegungsrichtungen des Fluids und des Laufrades sind für den Betrieb als Turbine mit ganz gezeichneten Pfeilen und für den Betrieb als Pumpe mit gestrichelt gezeichneten Pfeilen dargestellt. Man erkennt, daß die Richtungen der Strömung und auch die Drehrichtung des Laufrades umzukehren sind, wenn man vom Turbinenbetrieb auf Pumpbetrieb überwechselt. Die Pumpe ist also die Umkehrung der Turbine. Jede rückwärts durchflossene Pumpe arbeitet als Turbine. Die meisten Turbinen (Ausnahme z.B. die Pelton-Turbine Abb.2.17) arbeiten als Pumpen, wenn man die Welle im umgekehrten Drehsinn antreibt und eine Durchströmung in umgekehrter Richtung zuläßt. Strömungsmaschinen, die abwechselnd als Pumpen und als Turbinen betrieben werden, nennt man Pumpenturbinen; manche Pumpspeicherkraftwerke sind damit ausgestattet.

Man spricht von Axialrädern oder axialen Strömungsmaschinen, wenn die Zirkularprojektion A - A (vgl. Abb.1.6) einer mittleren Stromlinie im Meridianschnitt, die wir Flußlinie nennen, im wesentlichen axial verläuft. Sinngemäß bezeichnet man die in Abb.1.7 dargestellte Maschine als radiale Strömungsmaschine, da dort die Fluß-

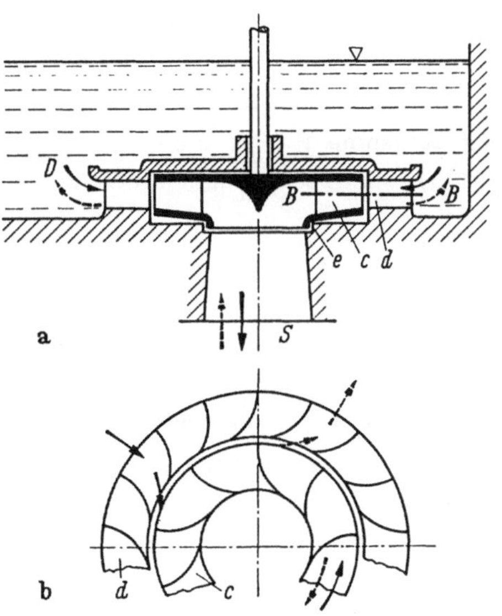

Abb.1.7a u. b. Radiale Strömungsmaschine.
a) Axialschnitt (Meridianschnitt); b) Schnitt nach B - B (Grundriß); c Laufrad; d Leitrad; e Spaltdichtung zwischen Laufrad und Gehäuse; D Druckseite; S Saugseite der Maschine. Fall der Turbine: ganz gezeichnete Pfeile; Fall der Pumpe: gestrichelt gezeichnete Pfeile.

linien im wesentlichen radial verlaufen. Neben der axialen und radialen Bauweise sind Zwischenformen möglich, die man als halbaxiale Strömungsmaschinen bezeichnet (Abb.2.23).

Wir haben gesehen, daß die Eintrittsseite einer als Turbine betriebenen Strömungsmaschine nach dem Übergang auf Pumpbetrieb zur Austrittsseite wird (vgl. Abb.1.6). Da wir in diesem Buch Pumpen und Turbinen gemeinsam behandeln, müssen wir Bezeichnungen wie Eintrittsseite, Austrittsseite, Eintrittsstutzen usw. vermeiden. Wir ersetzen

sie durch Druckseite, Saugseite, Druckstutzen, Saugstutzen u.s.w., da diese Bezeichnungen unabhängig davon sind, ob die betrachtete Maschine als Turbine oder als Pumpe arbeitet. Im Druckstutzen hat das Fluid stets eine größere spezifische Energie und
damit meist auch einen höheren Druck, als im Saugstutzen.

Strömungsmaschinen können nach verschiedenen Verfahren berechnet werden. Bei der
in diesem Buch behandelten Berechnungsweise gehen wir von der schaufelkongruenten
Strömung aus, die wir theoretisch erhalten würden, wenn wir unendlich viele und unendlich dünne Schaufeln verwenden. Praktisch ist dies natürlich nicht möglich. Ausgehend von der schaufelkongruenten Strömung erhalten wir angenähert die wirkliche
Strömung, wenn wir unter Berücksichtigung der Schaufelzahl die vorhandene Schaufel-
auseinanderstellung durch Näherungsbetrachtungen berücksichtigen.

1.4. Spezifische Stutzenarbeit Y und Leistung P_{Fluid}

Das Gebiet der Strömungsmaschinen (Turbinen und Pumpen) ist vergleichbar dem der
elektrischen Maschinen (Elektromotoren und Generatoren). Eine Turbine gibt ebenso
wie ein Elektromotor an der Welle eine mechanische Nutzleistung ab. Die elektrische
Leistungsaufnahme eines Elektromotors erhalten wir aus dem Produkt Stromstärke
mal Klemmenspannung. Sinngemäß erhalten wir die durch das Fluid zugeführte Leistungsaufnahme P_{Fluid} einer Turbine durch das Produkt Massestrom $\dot{m}$ (vgl.
Gl.(1,2)) mal spezifischer Stutzenarbeit Y.

$$P_{Fluid} = \dot{m}\, Y \qquad\qquad (1,6)$$

Gl.(1,6) gilt für Pumpen und Turbinen, wobei die Fluidleistung P_{Fluid} bei einer
Pumpe die Nutzleistung bezeichnet.

Die spezifische Stutzenarbeit Y (z.B. in Nm/kg, vgl. Abschn.1.1) ist die Differenz der spezifischen Energien des Fluids im Druckstutzen und Saugstutzen. Y gibt
also an, wie stark die spezifische Energie des Fluids beim Durchfluß durch die Strömungsmaschine geändert (bei der Pumpe vergrößert; bei der Turbine verkleinert)
wurde.

Bei Strömungsmaschinen, die mit Wasser (oder einer anderen tropfbaren Flüssigkeit) arbeiten, benutzt man neben der spezifischen Stutzenarbeit Y manchmal auch
den Begriff der Fallhöhe bzw. Förderhöhe H mit der kohärenten Einheit m. Dann
ist

$$H = Y/g \qquad\qquad (1,7)$$

mit g = örtliche Fallbeschleunigung, z.B. $g = 9,81\,m/s^2$. Bei Flüssigkeitspumpen
wird Y auch Förderarbeit genannt.

Für die spez. Stutzenarbeit Y werden neben der kohärenten Einheit J/kg = Nm/kg = $= m^2/s^2$ auch die nicht kohärenten Einheiten kJ/kg und kcal/kg benutzt. Dabei sind 1 kJ/kg = 1000 J/kg und 1 kcal/kg = 4190 J/kg.

Ebenso wenig wie die Spannungsverluste in den Zuführungskabeln der Klemmenspannung einer elektrischen Maschine angelastet werden, ebenso wenig dürfen wir Energieverluste in den nicht zur Maschine gehörenden Rohrleitungen der spezifischen Stutzenarbeit einer Strömungsmaschine zur Last legen. Wir müssen also möglichst exakt die Energien des Fluids im Druck- und Saugstutzen der Maschine erfassen.

Wir kennzeichnen mit dem Fußzeichen D (S) die Größen, die im Druckstutzen (Saugstutzen) vorliegen. In Anlehnung an Gl.(1,4) ist bei einem inkompressiblen Fluid

$$Y = E_D - E_S = \frac{p_D - p_S}{\rho} + \frac{c_D^2 - c_S^2}{2} + ge. \tag{1,8}$$

Die Höhendifferenz $z_D - z_S$ wurde in Gl.(1,8) mit e bezeichnet (vgl. Abb.1.8).

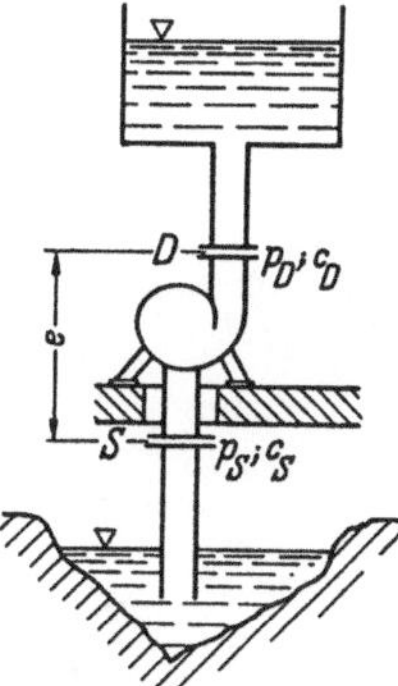

Abb.1.8. Schema einer Anlage mit einer Strömungsmaschine. D Druckstutzen; S Saugstutzen; p_D stat. Druck im Druckstutzen; p_S stat. Druck im Saugstutzen; c_D Geschwindigkeit im Druckstutzen; c_S Geschwindigkeit im Saugstutzen.

Allgemein (d.h. für kompressible und inkompressible Fluide) gültig lautet Gl.(1,8)

$$Y = \Delta h_p + \frac{c_D^2 - c_S^2}{2} + ge, \tag{1,9}$$

wobei Δh_p die verlustlose spezifische Arbeit bezeichnet, die benötigt wird, um das Fluid aus einem Raum mit dem Druck p_S in einen Raum mit dem Druck p_D zu fördern. Gl.(1,9) gilt für alle Strömungsmaschinen. Bei Gasströmung (Verdichter, Gasturbinen, Dampfturbinen) ist die Größe ge meist vernachlässigbar klein. Bei Dampfturbinen und auch oft bei Gasturbinen kann auch die Größe $(c_D^2 - c_S^2)/2$ wegen ihrer Kleinheit vernachlässigt werden. Dann ist

$$Y = \Delta h_p \tag{1,10}$$

Bestimmung von Δh_p: Zur Darstellung der verlustlosen spezifischen Arbeit Δh_p benutzen wir das aus der Thermodynamik bekannte p,v-Diagramm mit dem Druck p als Ordinate und dem spezifischen Volumen $v = 1/\rho$ als Abszisse (Abb.1.9). Stellt nun

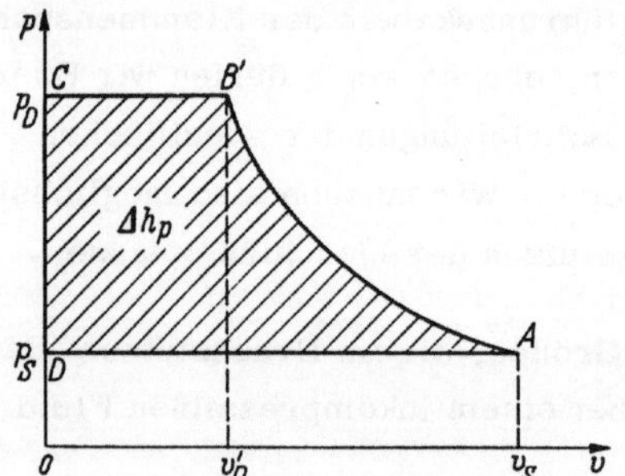

Abb.1.9. Darstellung der verlustlosen Arbeit Δh_p im p,v-Diagramm.

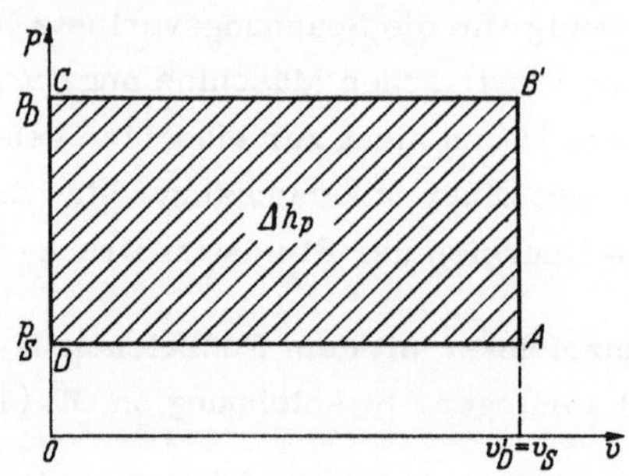

Abb.1.9a. Bei inkompressiblen Flüssigkeiten verläuft AB' senkrecht.

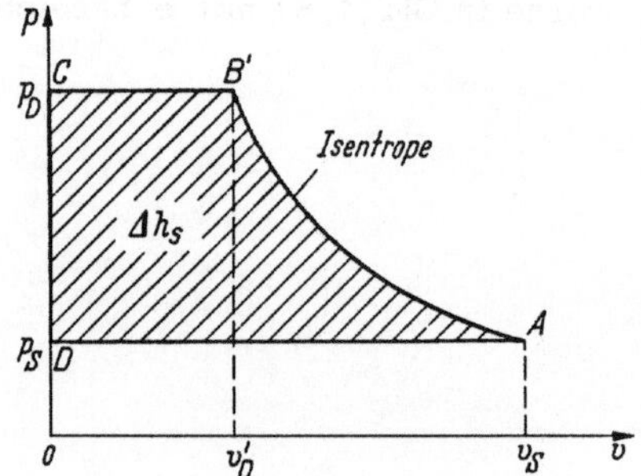

Abb.1.9b. Die verlustlose Arbeit wird mit Δh_s bezeichnet, wenn AB' eine Isentrope ist.

die Kurve AB' eine verlustlose Zustandsänderung zwischen den Drücken p_D und p_S dar, so ist

$$\Delta h_p = \int_{p_S}^{p_D} v \, dp = \text{Fläche AB'CD}. \qquad (1,11)$$

Der Verlauf der Kurve AB' hat einen wesentlichen Einfluß auf die Größe der Fläche. Bei tropfbaren Flüssigkeiten (z.B. Wasser) ist $v = 1/\rho$ als konstant zu betrachten. Dann verläuft AB' senkrecht (Abb.1.9a) und es ist (vgl. Gl.(1,8))

$$\Delta h_p = \frac{1}{\rho} (p_D - p_S). \qquad (1,12)$$

Bei Gasen und Dämpfen wollen wir für AB' den isentropen Zustandsverlauf zugrunde legen und zur Kennzeichnung dieser Festlegung Δh_p mit Δh_s bezeichnen (Abb.1.9b).

Ein wärmeisolierter, verlustloser Vorgang ist eine solche mit konstanter Entropie s verlaufende Zustandsänderung. Damit ergibt die Lösung des Integrals der Gl.(1,11) für Verdichter, also für Maschinen, bei denen der Zustandsverlauf auf der Saugseite beginnt und somit p_S und v_S bekannt sind[1] [1, S. 15/16][2]

$$\Delta h_s = \frac{\varkappa}{\varkappa - 1} p_S v_S \left[\left(\frac{p_D}{p_S} \right)^{(\varkappa-1)/\varkappa} - 1 \right]. \qquad (1,13)$$

p_D/p_S ist das Verhältnis der absoluten Drücke. Mit der allgemeinen Zustandsgleichung idealer Gase $pv = RT$, wobei R die Gaskonstante und T die absolute Temperatur sind, und mit

$$R = c_p - c_v \text{ und somit } \frac{\varkappa}{\varkappa - 1} = \frac{c_p}{R}$$

wird

$$\Delta h_s = c_p T_S \left[\left(\frac{p_D}{p_S} \right)^{R/c_p} - 1 \right] = c_p \Delta t_s. \qquad (1,14)$$

Es ist $\Delta t_s = t_D' - t_S$ (vgl. Abb.1.10a) die Temperaturänderung der hier betrachteten isentropen Zustandsänderung.

Bei Turbinen ist der Zustand im Druckstutzen und damit p_D, v_D und T_D bekannt. Damit lauten die entsprechenden Gleichungen:

$$\Delta h_s = \frac{\varkappa}{\varkappa - 1} p_D v_D \left[1 - \left(\frac{p_S}{p_D} \right)^{(\varkappa-1)/\varkappa} \right]. \qquad (1,15)$$

und (vgl.Abb.1.10b)

$$\Delta h_s = c_p T_D \left[1 - \left(\frac{p_S}{p_D} \right)^{R/c_p} \right] = c_p \Delta t_s = c_p (t_D - t_S'). \qquad (1,16)$$

In diesen Gleichungen kann beim Arbeitsmedium Luft gesetzt werden: $R = 287 \, J/kg\,K$ und $c_p = 1005 \, J/kg\,K$ und $\varkappa = 1,4$.

Dämpfe und auch viele der in der Praxis benutzten Gase verhalten sich erheblich anders als ideale Gase, weshalb dort mit den Gln.(1,13) bis (1,16) nicht gerechnet

---

[1] Gemäß Abschn.1.1 bedeutet das Fußzeichen s, daß die Entropie konstant ist, während das Fußzeichen S eine Größe im Saugstutzen kennzeichnet.

[2] Die Hinweise auf das Literaturverzeichnis stehen in eckigen Klammern.

werden darf. Für in der Praxis häufig vorkommende Dämpfe (z.B. Wasserdampf)
und Gase sind im Buchhandel h,s (Enthalpie, Entropie)- Diagramme erhältlich, die
wir zur Erfassung der Zustandsänderungen benutzen wollen (Abb.1.11). Dann ist

bei Pumpen

$$\Delta h_S = h_D' - h_S \tag{1,17}$$

bei Turbinen

$$\Delta h_S = h_D - h_S'. \tag{1,18}$$

In den vorstehenden Gleichungen sind t die Temperaturen in $^\circ$C, h die Enthalpien z.B.
in J/kg oder kJ/kg. Die Fußzeichen S und D bei den Größen ohne Strich kennzeich-

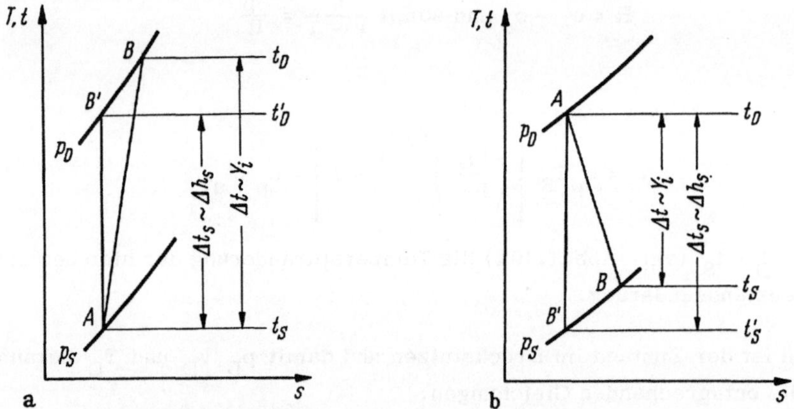

Abb.1.10a u. b. Darstellung der Zustandsänderung im T, s-Diagramm. A-B wirkliche Zustandsänderung, A-B' isentrope Zustandsänderung.
a) Pumpe (Verdichter); b) Turbine.

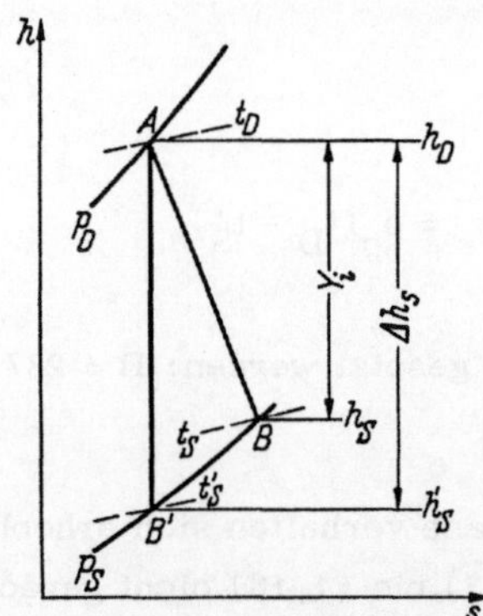

Abb.1.11. Darstellung der
Zustandsänderung in einer
Turbine im h,s-Diagramm.

nen den wirklichen Zustand in Saug- und Druckstutzen, t_D' und h_D' bzw. t_S' und h_S'
sind die Werte von t und h im Endpunkt der isentropen Zustandsänderung, die - als
Linie konstanter Entropie s - senkrecht zur s-Achse verläuft (Abb.1.10a,b und 1.11).

Die Benutzung der Gln.(1,13) bis (1,18) ist zweckmäßig bei ungekühlten Verdichtern bzw. bei Turbinen ohne Zwischenüberhitzung. Bei Maschinen mit Zwischenkühlern bzw. Zwischenüberhitzern können die ungekühlten Stufengruppen mittels Gln. (1,13) bis (1,18) behandelt werden.

1.5. Verluste und Wirkungsgrade der Strömungsmaschinen

Den größten Verlustanteil ergeben meist die Energieverluste, die innerhalb der Kanäle von Lauf- und Leiträdern durch Reibung und Verwirbelung infolge Querschnitts- und Richtungsänderung entstehen. Sie bewirken eine Verminderung der Druck- und/oder Geschwindigkeitsenergie und werden als "hydraulische Verluste" oder "Schaufelverluste" Z_h bezeichnet. Bei der Pumpe muß diese Verlustarbeit von den Schaufeln des Laufrades zusätzlich zu der geforderten Stutzenarbeit Y an das Fluid übertragen werden. Die von den Laufschaufeln an das Fluid zu übertragende "Schaufelarbeit" Y_{Sch} ist also bei einer Pumpe

$$Y_{Sch} = Y + Z_h.$$

Bei einer Turbine dagegen ist die spez. Schaufelarbeit Y_{Sch} um die Schaufelverluste Z_h kleiner als die der Turbine dargebotene spez. Stutzenarbeit Y. Somit ist

$$Y_{Sch} = Y - Z_h.$$

Gemeinsam für Pumpen und Turbinen wollen wir schreiben

$$Y_{Sch} = Y \pm Z_h, \tag{1,19}$$

wobei hier und auch im folgenden das obere Vorzeichen stets für Pumpen und das untere für Turbinen gilt.

Zwischen Laufrad und Gehäuse muß aus betrieblichen Gründen ein Spalt vorhanden sein (vgl. e in Abb.1.7a), durch den ein Teil des Fluids unter Umgehung des Rades von der Druckseite zur Saugseite fließt. Dies ist der Spaltstrom $\dot{V}_{sp}$ (vgl. hierzu Abschn.7.1). Durch die Laufschaufelkanäle fließt somit bei der Pumpe $\dot{V} + \dot{V}_{sp}$ und bei der Turbine $\dot{V} - \dot{V}_{sp}$ oder in gemeinsamer Schreibweise $\dot{V} \pm \dot{V}_{sp}$. Dabei bezeichnet $\dot{V}$ den durch die Stutzen der Maschine fließenden Volumenstrom. Bei manchen Bauarten entsteht durch den Ausgleich des Axialschubes ein zusätzlicher Spaltstrom.

Einen weiteren Verlust verursacht die Reibung an den Außenwänden des Rades. Dies ist die Radreibungsverlustleistung P_r.

Bei Pumpen muß das Fluid aus den Laufschaufelkanälen in den Raum hinter dem Laufrad (Austrittsraum) gegen steigenden Druck strömen. Dabei besteht die Gefahr, daß sich die Strömung ablöst und Flüssigkeitsteilchen wieder in das Laufrad zurückströmen und erneut beschleunigt werden müssen. Dieser Flüssigkeitsaustausch verursacht einerseits Verluste, die in den Schaufelverlusten Z_h enthalten sind, und andererseits eine zusätzliche von den Laufschaufeln an das Fluid übertragene Arbeit, die die spezifische Schaufelarbeit Y_{Sch} vergrößert. Diese Vergrößerung von Y_{Sch} ist bei Teillast erheblich.

Die vorstehend angeführten Verluste sind **innere Verluste**. Sie gehen als Wärme an das Fluid über. Die **innere Leistung** wird an der Welle bei Pumpen in das Innere der Maschine hinein- bzw. bei Turbinen herausgeführt. Die **innere Leistung** beträgt

$$P_i = (\rho \, \dot{V} \pm \rho \, \dot{V}_{sp}) \, Y_{Sch} \pm P_r \tag{1,20}$$

Unter Beachtung der Gln. (1,2) und (1,6) ergibt die Leistung P_i die **innere spez. Arbeit** Y_i

$$Y_i = \frac{P_i}{\dot{m}} = \left(1 \pm \frac{\dot{V}_{sp}}{\dot{V}} \right) Y_{Sch} \pm Z_r \tag{1,21}$$

mit

$$Z_r = \frac{P_r}{\dot{m}} \tag{1,21a}$$

Für eine wärmeisolierte Maschine kann Y_i im T,s- oder h,s-Diagramm unmittelbar abgelesen werden, wenn die Differenzen der Geschwindigkeitsenergien und der Lageenergien zwischen Saug- und Druckstutzen vernachlässigbar klein sind, d.h. wenn Gl. (1,10) gilt. Entsprechend Abb. 1.10a,b bzw. Abb. 1.11 ist dann

$$Y_i = c_p (t_D - t_S) = c_p \, \Delta t, \tag{1,22}$$

bzw.

$$Y_i = h_D - h_S. \tag{1,22a}$$

Die **äußeren** oder **mechanischen Verluste** treten durch Reibung in den Lagern und den Stopfbuchsen, durch Luftreibung an der Kupplung, durch den Energieverbrauch der direkt angetriebenen Hilfsmaschinen, z.B. der Ölpumpe, des Reglers usw., auf. Diese Verluste gehen in der Regel nicht als Wärme an das Fluid über. Wir bezeichnen die so verursachte Verlustleistung mit P_m. Die **gesamte** von der Kupplung der Maschine **übertragene Leistung** (**Kupplungs- oder Wellenleistung**) beträgt somit

$$P = P_i \pm P_m = \rho (\dot{V} \pm \dot{V}_{sp}) \, Y_{Sch} \pm (P_r + P_m). \tag{1,23}$$

Die verschiedenen Verluste ergeben verschiedene Wirkungsgrade:

Der Schaufelwirkungsgrad (oder hydraulische Wirkungsgrad) berücksichtigt die Schaufelverluste (hydraulischen Verluste). Er ist

bei der Pumpe

$$\eta_h = \frac{Y}{Y_{Sch}} = \frac{Y}{Y + Z_h} \, ,$$

bei der Turbine

$$\eta_h = \frac{Y_{Sch}}{Y} = \frac{Y - Z_h}{Y} \, .$$

oder in gemeinsamer Schreibweise für Pumpen und Turbinen

$$\eta_h = \left(\frac{Y}{Y_{Sch}} \right)^{\pm 1} = \left(\frac{Y}{Y \pm Z_h} \right)^{\pm 1} , \tag{1,24}$$

wobei wieder das obere Vorzeichen für Pumpen und das untere Vorzeichen für Turbinen gilt.

Der Diffusor- bzw. Düsenwirkungsgrad des Leitrades η_{DL} berücksichtigt die Verluste, die im Leitrad bei der Umsetzung der Geschwindigkeitsenergie in Druckenergie (Pumpe) bzw. der Druckenergie in Geschwindigkeitsenergie (Turbine) entstehen. Es ist bei Pumpen

$$\eta_{DL} = \frac{\text{im Leitrad gewonnene Druckenergie}}{\text{aufgewandte kinetische Energie}}$$

und bei Turbinen

$$\eta_{DL} = \frac{\text{im Leitrad erzeugte kinetische Energie}}{\text{aufgewandte Druckenergie}} \cdot$$

Unter den Voraussetzungen $\alpha_5 = 90^\circ$ und $c_{5m} = c_{3m}$ (vgl. Abschn.2.1) ist bei Pumpen und Turbinen

$$\eta_{DL} = \left(\frac{Y - Y_{Sp}}{c_{3u}^2 / 2} \right)^{\pm 1} . \tag{1,25}$$

Hierbei ist $Y - Y_{Sp}$ die Differenz der Druckenergien zwischen den beiden Seiten des Leitrades (Erklärung von Y_{Sp} s.Abschn.2.4) und c_{3u} die im Leitrad umgesetzte Geschwindigkeitskomponente.

Der innere Wirkungsgrad, der alle inneren Verluste berücksichtigt, ist

$$\eta_i = \left(\frac{\dot{m}\,Y}{P_i} \right)^{\pm 1} = \left(\frac{\dot{m}\,Y}{\dot{m}\,Y_i} \right)^{\pm 1} = \left(\frac{Y}{Y_i} \right)^{\pm 1} . \tag{1,26}$$

Bei gasförmigem Energieträger in der wärmeisolierten Maschine ist nach Gln. (1,14)
bis (1,18) und Gln. (1,22) und (1,22a) bei Benutzung der Isentropen als Vergleichs-
prozeß (vgl. Abb.1.10a,b und 1.11)

	Gültig für Dämpfe und Gase allgemein	Gültig für Gas mit c_p = const	
bei der Pumpe	$\eta_i = \dfrac{h'_D - h_S}{h_D - h_S} = \dfrac{\Delta h_s}{Y_i}$	$\eta_i = \dfrac{t'_D - t_S}{t_D - t_S} = \dfrac{\Delta t_s}{\Delta t}$	(1,27)
bei der Turbine	$\eta_i = \dfrac{h_D - h_S}{h_D - h'_S} = \dfrac{Y_i}{\Delta h_s}$	$\eta_i = \dfrac{t_D - t_S}{t_D - t'_S} = \dfrac{\Delta t}{\Delta t_s}$	(1,28)

Gln. (1,27) und (1,28) ermöglichen die Bestimmung des Wirkungsgrades ohne Lei-
stungsmessung nur durch die Messung von Temperaturen und Drücken. Die Genauig-
keit der Messung wird vor allem durch die Wärmeisolation der Maschine bestimmt.
Gegebenenfalls ist zur Korrektur dieser Wirkungsgradbestimmung die Wärmeabfuhr
bzw. die Wärmezufuhr an der Gehäuseoberfläche der Maschine abzuschätzen.

Ferner sind der m e c h a n i s c h e W i r k u n g s g r a d , der die äußeren Verluste berücksichtigt

$$\eta_m = \left(\frac{P_i}{P} \right)^{\pm 1} = \left(\frac{P_i}{P_i \pm P_m} \right)^{\pm 1} \quad \text{und der}$$

G e s a m t w i r k u n g s g r a d oder K u p p l u n g s w i r k u n g s g r a d , der alle Verluste
berücksichtigt

$$\eta = \left(\frac{\dot{m}\, Y}{P} \right)^{\pm 1} = \left(\frac{\dot{m}\, Y\, P_i}{P_i P} \right)^{\pm 1} = \eta_i\, \eta_m . \tag{1,29}$$

Strömungsmaschinen erreichen oft Gesamtwirkungsgrade von 0,80 bis 0,90 und darüber. Dann liegen etwa der mechanische Wirkungsgrad bei 0,99 und der Schaufelwirkungsgrad bei 0,85 bis 0,93. Diese Angaben sind natürlich nur grobe Richtwerte.

2. Die Strömung im Laufrad

2.1. Bewegung des Fluids im Laufrad und die sich daraus ergebende spezifische Schaufelarbeit

Wenn wir die Bewegung eines Flüssigkeitsteilchens im Schaufelkanal eines Laufrades betrachten, müssen wir unterscheiden zwischen

- c seiner absoluten Geschwindigkeit,
- w seiner relativen Geschwindigkeit, die es gegenüber einer Stelle des Laufrades am gleichen Radius hat, und
- u der Umfangsgeschwindigkeit des Laufrades an der betrachteten Stelle.

Dabei ist c die vektorielle Summe von u und w.

Wir bezeichnen mit α den Winkel zwischen u und c; mit β den Winkel zwischen w und der negativen u-Richtung.

Bei der Angabe einer Geschwindigkeit bzw. eines Winkels kennzeichnen wir die jeweilige Lage innerhalb der Maschine durch Fußzeichen. Es bezeichnet bei Pumpen und Turbinen das Fußzeichen

0   eine Stelle in der Strömung an der Saugseite der Laufradbeschaufelung außerhalb des Laufschaufelkanals,
1   eine Stelle in der (gedachten) schaufelkongruenten Strömung an der Saugseite der Laufradbeschaufelung innerhalb des Laufschaufelkanals,
2   eine Stelle in der (gedachten) schaufelkongruenten Strömung an der Druckseite der Laufradbeschaufelung innerhalb des Laufschaufelkanals,
3   eine Stelle in der Strömung an der Druckseite der Laufradbeschaufelung außerhalb des Laufschaufelkanals,
4   eine Stelle an der Seite der Leitradbeschaufelung, welche der Druckseite der Laufradbeschaufelung gegenüber liegt,
5   eine Stelle an der anderen Seite der Leitradbeschaufelung, die also im Bereich höheren Druckes liegt,
S   eine Stelle im Saugstutzen der Maschine,
D   eine Stelle im Druckstutzen der Maschine.

Die Fußzeichen sind also nach dem Grad der Energiebeladung geordnet. Bei einer Pumpe steigen somit die Fußzahlen im Sinne der Strömungrichtung; bei einer Turbine fallen die Fußzahlen in Strömungsrichtung. Die Stellen 0 und 1 (bzw. 2 und 3) werden als so dicht benachbart betrachtet, daß sie am gleichen Radius r_1 (bzw. r_2) liegen.

Abb. 2. 1 zeigt den Grundriß eines radialen Laufrades einer Pumpe. Für die Stellen
mit den Fußzeichen 1 und 2 sind die Geschwindigkeitspläne eingezeichnet. Unter der
Annahme schaufelkongruenter Strömung entspricht der Verlauf der Laufschaufel A-B dem

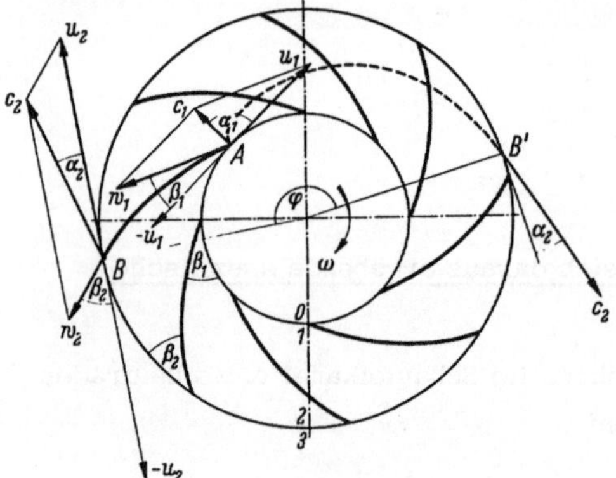

Abb. 2. 1. Grundriß eines radialen Pumpenlaufrades mit Geschwindigkeitsplänen.
AB' = absoluter Weg eines Flüssigkeitsteilchens.

relativen Weg, den ein Flüssigkeitsteilchen im Laufrad zurücklegt. Der von einem Flüssigkeitsteilchen zurückgelegte absolute Weg AB' ist in Abb. 2. 1 gestrichelt eingezeichnet. In der Zeit, in der ein Flüssigkeitsteilchen relativ den Weg AB zurückgelegt hat,
hat sich das Laufrad von B nach B' gedreht. In Abb. 2. 1 ist $\alpha_1 = 90^{\circ}$.

Bei Betrachtung des Geschwindigkeitsplanes für die Stelle 1 ist zu beachten, daß die
Geschwindigkeit c_1 durch den in das Laufrad eintretenden Volumenstrom und die zur
Verfügung stehende Querschnittsfläche über die Kontinuitätsgleichung (Gl. (1, 1)) und
die Umfangsgeschwindigkeit u_1 durch die Drehzahl des Laufrades und den Radius r_1
gegeben sind. Durch c_1 und u_1 ist w_1 nach Größe und Richtung festgelegt. Stoßfreier Eintritt, d.h. tangentiale Lage von w_1 zur Laufschaufel an der Stelle 1 ist bei vorgegebener Umfangsgeschwindigkeit u_1 nur bei einer bestimmten Absolutgeschwindigkeit
c_1 - und damit nur bei einem bestimmten Volumenstrom $\dot{V}$ - möglich. Diesen Volumenstrom stoßfreien Eintritts nennen wir Berechnungsvolumenstrom oder auch Volumenstrom besten Wirkungsgrades, weil dann wegen der fehlenden Stoßverluste der
beste Wirkungsgrad zu erwarten ist.

Bei den in Abb. 2. 1 dargestellten Geschwindigkeiten wird im Laufrad die Relativgeschwindigkeit von w_1 auf w_2 verzögert und die Absolutgeschwindigkeit von c_1 auf
c_2 beschleunigt.

Die Darstellungsweise der Abb. 2. 1 kann allgemein für Pumpen und Turbinen radialer
und axialer Bauweise benutzt werden. Bei Turbinen ist jedoch die Stelle 2 die Ein-
tritts- und die Stelle 1 die Austrittsseite.

Zur Berechnung der Schaufelarbeit benötigen wir den aus der Mechanik bekannten Impulssatz, wonach die zeitliche Änderung des Impulses J gleich der an der Masse an-

greifenden Kraft F ist

$$F = \frac{dJ}{dt}.$$

Der Impuls J ist das Produkt aus der Masse m und der Geschwindigkeit c, also
J = m c. Ist die Masse m konstant, so ergibt sich der bekannte Satz: Kraft gleich
Masse mal Beschleunigung. Ist dagegen die Geschwindigkeit c konstant, so erhält
man eine Kraft bei Änderung der Masse

$$F = c \frac{dm}{dt} = c \dot{m}. \qquad (2,1)$$

Die zeitliche Änderung der Masse dm/dt ist der uns bekannte Massestrom $\dot{m}$, der
an der betrachteten Stelle in ein System (z.B. die Laufschaufelkanäle) hinein- bzw.
aus diesem herausfließt.

Zur Anwendung des Impulssatzes legen wir Kontrollflächen um den Laufschaufelkranz,
d.h. dicht vor die Saugkante und dicht hinter die Druckkante der Laufschaufeln. In
Abb.2.2 sind dies die beiden Zylinderflächen I und II. Unter der Annahme einer gleich-

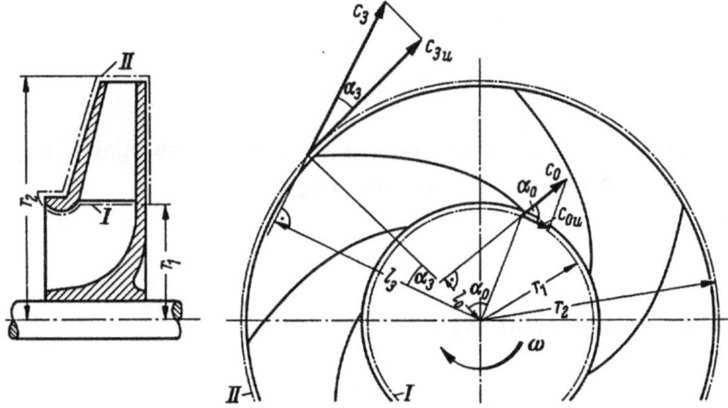

Abb.2.2. Kontrollflächen (−·−· gezeichnet). Laufrad einer Pumpe.

mäßigen Geschwindigkeitsverteilung an diesen Kontrollflächen wirkt an der Zylinder-
fläche I die Impulskraft $\dot{m} c_0$ in Richtung von c_0 am Hebelarm $l_0 = r_1 \cos \alpha_0$ in
Bezug auf die Drehachse des Laufrades. Bei der in Abb.2.2 gezeichneten Richtung
von c_0 treibt die eintretende Strömung das Laufrad an, weshalb bei einer Pumpe das
so übertragene Drehmoment mit einem negativen Vorzeichen versehen wird:

$$M_0 = -\dot{m} c_0 l_0 = -\dot{m} c_0 r_1 \cos \alpha_0. \qquad (2,2)$$

In der Kontrollfläche II wirkt die Impulskraft $\dot{m} c_3$ entgegen der Richtung von c_3 am
Hebelarm $l_3 = r_2 \cos \alpha_3$. Die Laufschaufeln übertragen an die Strömung das Moment

$$M_3 = \dot{m}\, c_3\, l_3 = \dot{m}\, c_3\, r_2 \cos \alpha_3. \tag{2,2a}$$

Wir verbinden die Zylinderflächen I und II durch Kontrollflächen an den Außenflächen des Laufrades (Abb. 2.2). Die so erhaltene gesamte Kontrollfläche muß an einer Stelle die Radwand durchschneiden, weil in dieser Schnittfläche das gesuchte Drehmoment übertragen wird. Die an den Seitenflächen wirkende Radreibung wird gesondert durch die Radreibungsleistung P_r (vgl. Abschn. 7.2) erfaßt und soll hier nicht berücksichtigt werden. Das von den Laufschaufeln übertragene Drehmoment beträgt

$$M_{Sch} = M_3 + M_0 = \dot{m}\,(r_2\, c_3 \cos \alpha_3 - r_1\, c_0 \cos \alpha_0). \tag{2,3}$$

Da $c_3 \cos \alpha_3 = c_{3u}$ und $c_0 \cos \alpha_0 = c_{0u}$ die Umfangskomponenten von c_3 bzw. c_0 sind, kann Gl. (2,3) auch geschrieben werden

$$M_{Sch} = \dot{m}\,(r_2\, c_{3u} - r_1\, c_{0u}) = \dot{m}\, \Delta\,(r c_u). \tag{2,4}$$

Das von den Laufschaufeln übertragene Drehmoment ist also gleich dem Produkt Massestrom $\dot{m}$ mal Dralländerung $\Delta(r c_u)$.

Wenn kein Drehmoment, d.h. keine Leistung übertragen wird, ergibt Gl. (2,4) die Unveränderlichkeit des Dralls $r c_u$ (vgl. Gl. (1,5)).

Wenn wir die Winkelgeschwindigkeit des Laufrades mit ω bezeichnen, ist die zwischen Laufschaufeln und Flüssigkeit übertragene Leistung

$$M_{Sch}\, \omega = \dot{m}\, Y_{Sch}$$

und damit die spez. Schaufelarbeit (vgl. Gl. (1,19))

$$Y_{Sch} = \frac{M_{Sch}\, \omega}{\dot{m}}$$

oder gemäß Gl. (2,4)

$$Y_{Sch} = \omega\,(r_2\, c_{3u} - r_1\, c_{0u}). \tag{2,5}$$

Bezeichnet man die Umfangsgeschwindigkeiten des Rades an den Radien r_1 und r_2 mit $u_1 = r_1 \omega$ und $u_2 = r_2 \omega$, so ist

$$Y_{Sch} = u_2\, c_{3u} - u_1\, c_{0u}. \tag{2,6}$$

Gl. (2,6) ist die **Hauptgleichung der Strömungsmaschinen**, die im Jahre 1754 von L. Euler angegeben wurde. Sie gilt für Pumpen und für Turbinen. Sie gilt für

inkompressible und auch für kompressible Fluide. Letzteres erkennt man daran, daß
in ihrer Ableitung die Dichte ρ nicht auftritt. Gl.(2,6) gilt für sämtliche Laufradformen, d.h. nicht nur für radiale, sondern auch für axiale und halbaxiale Laufräder
(vgl. hierzu Abschn. 2.5). Gl.(2,6) gilt also ganz allgemein ohne Ausnahme für sämtliche Strömungsmaschinen.

Die Druckverluste, die durch Reibung, Stoß, Querschnitts- oder Richtungsänderungen
zwischen den Kontrollflächen, d.h. innerhalb des Laufrades auftreten, haben bei Pumpen keinen und bei Turbinen keinen direkten Einfluß auf Gl.(2,6) und damit auf die spezifische Schaufelarbeit Y_{Sch}. Die spezifische Schaufelarbeit wird nur bestimmt durch
die Umfangsgeschwindigkeiten und die wirklichen Umfangskomponenten der Absolutströmung. Die oben erwähnten Druckverluste im Laufrad beeinflussen natürlich den
Schaufelwirkungsgrad und damit die von der Pumpe geleistete spezifische Stutzenarbeit Y (vgl. Gl.(1,24)). Bei Turbinen ist Y vorgegeben; große Schaufelverluste vermindern dann beispielsweise c_{3u} und damit gemäß Gl.(2,6) den Betrag von Y_{Sch}.

Die Dichte ρ geht in Gl.(2,6) nicht ein. Deshalb ist die spez. Schaufelarbeit Y_{Sch}
und somit unter der Annahme gleichen Schaufelwirkungsgrades (vgl. Gl.(1,24)) auch
die spezifische Stutzenarbeit Y unabhängig von der Art des Fluids, also beispielsweise für Wasser und Luft gleich. Auch der Förderstrom ist unabhängig von der Art des
Fluids. Der Dichte ρ proportional sind dagegen der Druckunterschied, das Drehmoment und damit die Leistung.

Der Einfluß der Dichte ρ soll an einem Zahlenbeispiel näher erläutert werden:

Eine Kreiselpumpe für $\dot{V} = 0,1\,\mathrm{m^3/s}$ habe eine spez. Schaufelarbeit $Y_{Sch} = 1250\,\mathrm{Nm/kg}$
und einen Schaufelwirkungsgrad $\eta_h = 0,80$. Daraus errechnet sich die spez. Stutzen-
arbeit $Y = Y_{Sch}\,\eta_h = 1250 \times 0,80 = 1000\,\mathrm{Nm/kg}$ (vgl. Gl.(1,24)). Die Pumpe sei bei
unveränderter Drehzahl für Wasser- und Luftförderung geeignet. Saug- und Druckstutzen haben gleichen Durchmesser, d.h. $c_S = c_D$, und liegen auf gleicher Höhe, d.h.
e = 0. Gemäß Gl.(1,8) ist dann die spez. Stutzenarbeit $Y = (p_D - p_S)/\rho$. Damit ergibt sich bei Förderung von:

Wasser ($\rho = 1000\,\mathrm{kg/m^3}$)	Luft[1] ($\rho = 1,2\,\mathrm{kg/m^3}$)
ein Druckunterschied $p_D - p_S = \rho\,Y = 1000 \cdot 1000 = 10^6\,\mathrm{N/m^2}$ 　　　　$= 10\,\mathrm{bar} \approx 10,2\,\mathrm{at}$ und eine Nutzleistung (vgl. Gln.(1,6) und (1,2)). 　$P_{Fluid} = \rho\,\dot{V}\,Y = \eta\,P$ 　　　　$= 1000 \cdot 0,1 \cdot 1000 = 10^5\,\mathrm{W}$ 　　　　$= 100\,\mathrm{kW}$	$p_D - p_S = \rho\,Y = 1,2 \cdot 1000 = 1200\,\mathrm{N/m^2}$ 　　　　$= 0,012\,\mathrm{bar} \approx 0,0122\,\mathrm{at}$ 　$P_{Fluid} = \rho\,\dot{V}\,Y = \eta\,P$ 　　　　$= 1,2 \cdot 0,1 \cdot 1000 = 120\,\mathrm{W}$ 　　　　$= 0,12\,\mathrm{kW}$

---

[1] Bei diesem Zahlenbeispiel wird der Einfluß der Kompressibilität der Luft vernachlässigt, was bei der hier nur geringen Druckänderung zulässig ist.

Das Zahlenbeispiel zeigt, daß bei Luft- bzw. Gasförderung zur Erzeugung nennenswerter Druckunterschiede eine sehr große spez. Schaufelarbeit aufzuwenden ist. Gemäß Gl.(2,6) erfordert dies hohe Umfangsgeschwindigkeiten u_2, deren obere Grenze
mit Rücksicht auf die Fliehkraftbeanspruchung bei etwa 300 bis 600 m/s liegt. Zur Erzeugung größerer Druckdifferenzen werden mehrere Laufräder hintereinander geschal-
tet: **Mehrstufige Anordnung** (Abb.2.3). Hierbei sind die spez. Arbeiten der

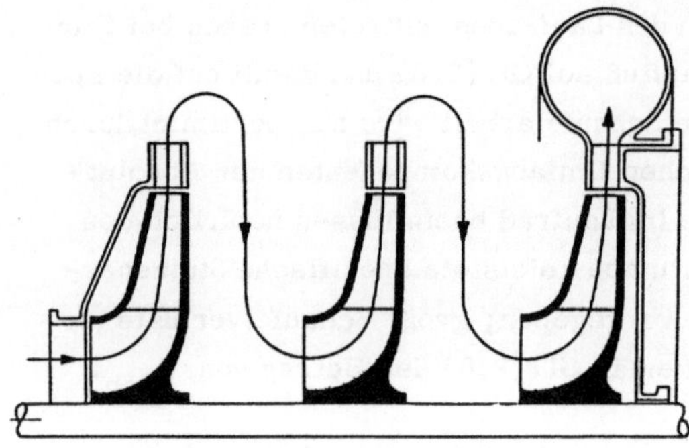

Abb.2.3. Schema der mehrstufigen
Anordnung mit Radialrädern.

einzelnen Laufräder zu addieren.

Zur Erzielung sehr großer Förderströme können mehrere Laufräder parallelge-
schaltet werden: **Mehrflutige Anordnung** (Abb.2.4). Hierbei sind die Volumenströme der einzelnen Laufräder zu addieren.

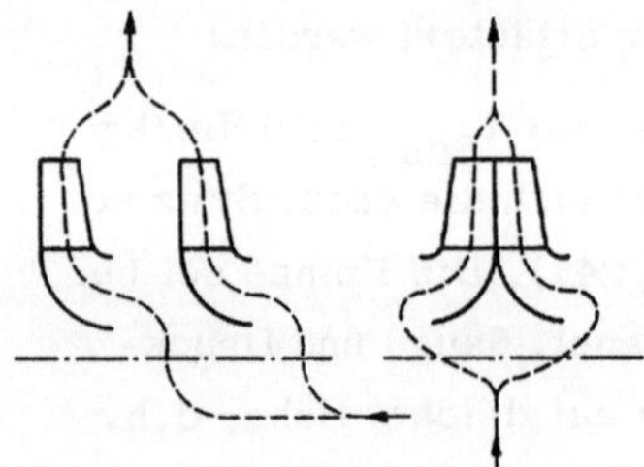

Abb.2.4. Schema von mehrflutigen Anordnungen
von Radialrädern.

Es ist üblich, die Geschwindigkeitspläne nicht - wie in Abb.2.1 - als Parallelogramme
sondern als Dreiecke dazustellen. Die Abb.2.5 und 2.6 zeigen solche Geschwindig-

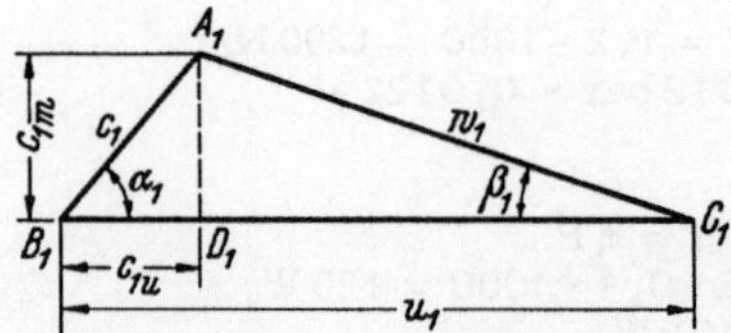

Abb.2.5. Geschwindigkeitsdreieck für die
Saugkante der Laufschaufel.

keitsdreiecke. Diese Darstellungsweise gilt für Pumpen und Turbinen, wobei natürlich die Richtungen der Strömungen und der Umfangsgeschwindigkeiten bei Pumpen
und Turbinen verschieden sind.

In den meisten Fällen besitzen Kreiselpumpen keine besonderen Eintrittsleitschaufeln, weshalb dort das Fluid dem Laufrad drallfrei, d.h. mit $\alpha_0 = 90°$ zuströmt (Abb.2.7). Dann lautet die Hauptgleichung Gl.(2,6)

$$Y_{Sch} = u_2 c_3 \cos \alpha_3 = u_2 c_{3u}.\qquad(2,7)$$

Gl.(2,7) kann häufig auch bei Turbinen benutzt werden, da dort in der Regel $\alpha_0 = 90°$ angestrebt wird. Dies ist zweckmäßig, weil bei der Turbine die Austrittsgeschwindigkeit c_0 zwecks Kleinhaltung des Austrittsverlustes möglichst klein zu halten ist. Den

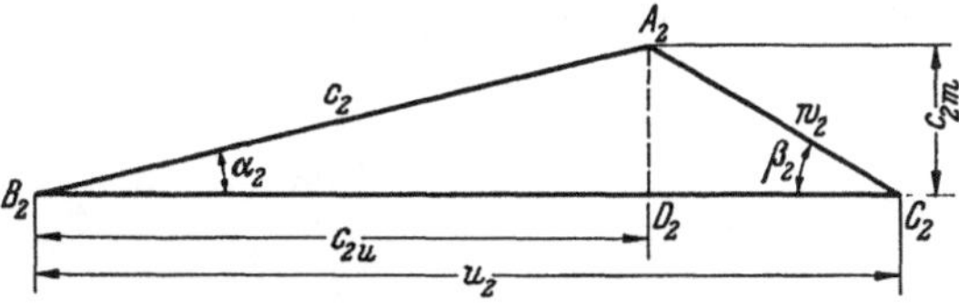

Abb.2.6. Geschwindigkeitsdreieck
für die Druckkante der Laufschaufel.

notwendigen Abtransport des Fluids besorgt nämlich nur die Komponente senkrecht zur Umfangsrichtung des Laufrades, also die Komponente $c_0 \sin \alpha_0 = c_{0m}$, während die Umfangskomponente $c_0 \cos \alpha_0 = c_{0u}$ ein meist nutzloses Kreisen des Fluids bewirkt.

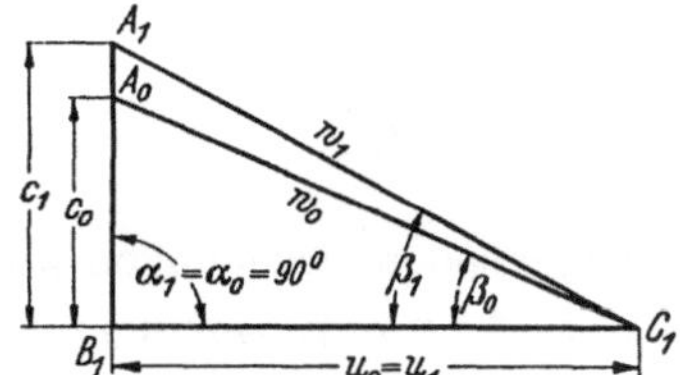

Abb.2.7. Geschwindigkeitsdreiecke für die Saugkante bei $\alpha_0 = 90°$. Der Unterschied der Dreiecke ist durch die in Abschn.2.2 beschriebene Schaufelverengung bedingt.

2.2. Einfluß der Schaufelstärke und der Schaufelzahl

Die Stärke, d.h. die Dicke der Schaufeln hat zur Folge, daß der der Strömung zur Verfügung stehende Querschnitt im Schaufelgitter etwas geringer als unmittelbar vor oder nach dem Schaufelgitter ist. Man bezeichnet diesen Einfluß als Schaufelverengung. Als Folge dieser Schaufelverengung muß $c_{1m} > c_{0m}$ und $c_{2m} > c_{3m}$ sein. Hierbei bezeichnet c_m die Meridiankomponente der Strömung (vgl. Abb.2.5 und 2.6).

Wir bezeichnen (vgl. Abb.2.8) die Teilung mit $t = \pi D/z$ (D = Durchmesser des Laufrades an der betrachteten Stelle; z = Schaufelzahl), die Schaufelstärke senkrecht zur Schaufel mit s und die Schaufelstärke in Umfangsrichtung mit $\sigma = s/\sin \beta$.

Die Kontinuitätsgleichung (Gl.(1,1)) für den durch einen Schaufelkanal strömenden Volumenstrom lautet für die Stellen 0 und 1

$$\dot{V}_{Kanal} = c_{0m} \, b_1 \, t_1 = c_{1m} \, b_1 \, (t_1 - \sigma_1),$$

wobei b_1 die in Abb.2.8 senkrecht zur Zeichenebene liegende Schaufelbreite bezeichnet (vgl. hierzu Abb. 4.1). Daraus erhalten wir

$$c_{1m} = c_{0m}\, \frac{t_1}{t_1 - \sigma_1}\,. \qquad (2,8)$$

Bei Betrachtung dieser Gleichung in Verbindung mit Abb.2.7 ist zu beachten, daß in Abb.2.7 wegen $\alpha_1 = 90^\circ$ die Komponente $c_{1m} = c_1$ und wegen $\alpha_0 = 90^\circ$ die Komponente $c_{0m} = c_0$ sind.

Sinngemäß zu Gl.(2,8) gilt für die Druckkante

$$c_{2m} = c_{3m}\, \frac{t_2}{t_2 - \sigma_2}\,. \qquad (2,9)$$

In Abschn.1.3 wurde bereits gesagt, daß wir von der schaufelkongruenten Strömung, also von der Annahme unendlich vieler Schaufeln ausgehen. Die sich im Laufschaufel-

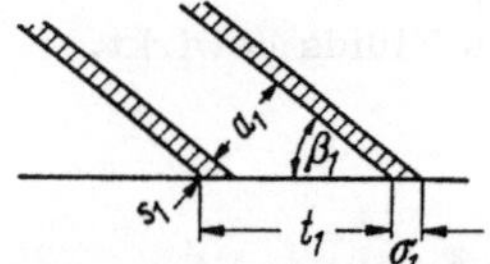

Abb.2.8. Schaufelabmessungen an der Saugkante.

kanal ergebenden Strömungen werden mit den Fußzeichen 1 und 2 bezeichnet (vgl. Abschn.2.1). Zur Berechnung der spez. Schaufelarbeit mittels der Hauptgleichung (Gl.(2,6)) sind die vor und hinter dem Laufschaufelgitter wirklich vorhandenen Strömungen maßgebend, die wir mit den Fußzeichen 0 und 3 kennzeichnen.

Die Eintrittswinkel der Laufschaufeln (β_1 bei Pumpen und β_2 bei Turbinen) sind so auszuführen, daß die Strömung tangential, d.h. ohne Stoß in die Laufschaufelkanäle eintritt. In Abschn.2.1 wurde dies für das in Abb.2.1 dargestellte Laufschaufelgitter erklärt. Bei der Festlegung der Eintrittswinkel von Schaufelgittern hat - abgesehen von der oben besprochenen Schaufelverengung (Abb.2.7) - die Laufschaufelzahl keinen Einfluß.

Nachstehend wird nun der Einfluß der Laufschaufelzahl auf die Festlegung des Austrittswinkels (β_2 bei Pumpen und β_1 bei Turbinen) besprochen, wobei zunächst dieser Einfluß für die ideale, reibungsfreie Flüssigkeit und später der Reibungseinfluß (d.h. der Einfluß der Zähigkeit) behandelt wird.

Wenn eine ideale, reibungsfreie Flüssigkeit durch ein Schaufelgitter umgelenkt wird, so entsteht an den einzelnen Schaufeln eine Druckdifferenz, und zwar ein Überdruck auf der Schaufelvorderseite und ein Unterdruck auf der Schaufelrückseite. Bei un-

endlich vielen Schaufeln ist diese Druckdifferenz unendlich klein. Diese Druckdifferenz ist umso größer, je kleiner - bei gegebener Umlenkung - die Schaufelzahl ist.

Eine Flüssigkeit hat immer das Bestreben, aus einem Raum höheren Druckes in einen
Raum niederen Druckes zu strömen. Die Flüssigkeitsteilchen der Schaufelvorderseite, die den höheren Druck haben, strömen nach Verlassen des Laufschaufelkanals zu
den Flüssigkeitsteilchen der Schaufelrückseite. So vermindert sich die ablenkende
Wirkung des Schaufelgitters umso stärker, je kleiner die Schaufelzahl ist (Abb.2.9).

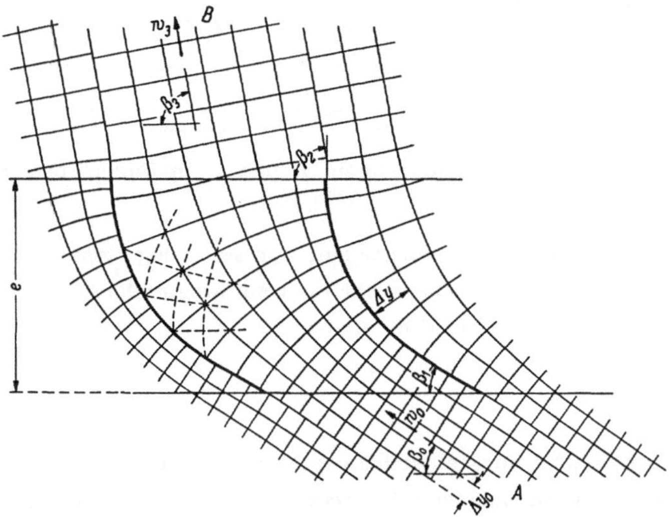

Abb.2.9. Strombild der idealen Flüssigkeit (Potentialströmung) in einem ebenen
gradlinigen Schaufelgitter.

Bei einer idealen, reibungsfreien Flüssigkeit müssen wegen der Endlichkeit der Schaufelzahl die Schaufelwinkel am Austritt im Sinne einer Vergrößerung der ablenkenden
Wirkung, also im Sinne einer Leistungssteigerung gegenüber den unendlich dicht stehenden Schaufeln übertrieben werden.

Der Einfluß der Zähigkeit bewirkt, daß sich sowohl im Laufschaufelkanal der Pumpe
als auch im Laufschaufelkanal der Turbine an der konvexen Seite der Kanäle Toträume bilden, die dem Flüssigkeitstransport nicht oder nur beschränkt dienen (Abb.2.10).

Bei den in Abb.2.10 dargestellten Laufschaufelgittern einer Turbine und einer Pumpe
mit gleicher Austrittsrichtung und gleicher Austrittskante wurden alle Größen, die
sich auf einen Punkt im Schaufelkanal kurz vor der Austrittskante beziehen, mit *
bezeichnet. Die Größen außerhalb des Schaufelkanals, d.h. hinter der Austrittskante sind durch ** gekennzeichnet.

Die Toträume in den Laufschaufelkanälen (und auch die endliche Dicke der Laufschaufeln) vermindern den der Strömung im Laufschaufelkanal zur Verfügung stehenden Quer-

schnitt. Deshalb ist die relative Austrittsgeschwindigkeit w*, und zwar sowohl deren Meridiankomponente $w_m^* = w^* \sin \beta^* = c_m^*$ als auch deren Umfangskomponente w_u^*, erheblich größer als bei einer reibungsfreien Strömung ohne Toträume. Hinter dem

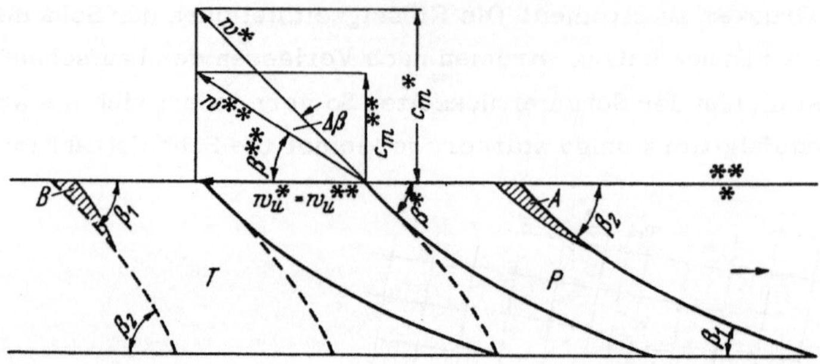

Abb. 2.10. Totraumbildung A im Pumpenkanal P und B im Turbinenkanal T. Dadurch $c_m^* > c_m^{**}$ und $\beta^* > \beta^{**}$.

Gitter sind die Toträume nicht mehr vorhanden, der Strömung steht dort der volle Querschnitt zur Verfügung, was entsprechend der Kontinuitätsgleichung (Gl.(1,1)) eine kleinere Merdiankomponente c_m^{**} ergibt. Wegen des Gesetzes des konstanten Dralls (Gl.(1,5)) wird die Umfangskomponente durch das Verschwinden der Toträume nicht verändert; es ist $w_u^* = w_u^{**}$.

Die vorstehend beschriebene Verkleinerung der Meridiankomponente von c_m^* auf c_m^{**} bei konstanter Umfangskomponente bewirkt eine Richtungsänderung, und zwar eine Verkleinerung des relativen Abströmwinkels um $\Delta\beta$ (Abb. 2.10). Das praktische Ergebnis dieser Richtungsänderung hängt davon ab, ob ein Pumpengitter oder ein Turbinengitter vorliegt: Die Umlenkung der Strömung in einem Pumpengitter wird durch die vorstehend besprochene Richtungsänderung vermindert, während bei einem Turbinengitter dadurch die Umlenkung der Strömung vergrößert wird.

Bei einem Pumpengitter ist wegen der dort vorhandenen verzögerten Strömung die Totraumbildung und damit die Minderumlenkung (Minderleistung) groß, während bei einem Turbinengitter wegen der dort beschleunigten Strömung die Totraumbildung und die dadurch verursachte zusätzliche Umlenkung gering sind.

Bei der Turbine wird die Minderleistung, die bei der idealen Flüssigkeit auftritt (Abb. 2.9) durch die Mehrleistung infolge der Totraumbildung etwa aufgehoben. Wenn wir die spez. Schaufelarbeit eines Laufrades bei schaufelkongruenter Strömung (d.h. mit unendlich vielen, unendlich dünnen Schaufeln) mit $Y_{Sch\,\infty}$ bezeichnen, gilt für die Turbine

$$Y_{Sch\,\infty} \approx Y_{Sch}. \qquad\qquad (2,10)$$

Bei einer Pumpe sind die Minderleistung, die bei der idealen Flüssigkeit auftritt
(Abb. 2.9), und die Minderleistung infolge der Totraumbildung zu addieren. Bei einer Pumpe ist stets

$$Y_{Sch\,\infty} > Y_{Sch}.\qquad\qquad(2,11)$$

Das Geschwindigkeitsdreieck $A_2\,B_2\,C_2$ (Abb. 2.11) gilt für die schaufelkongruente
Strömung unter Berücksichtigung der Schaufelverengung (vgl. S. 29, Abschn. 2.2).
Die Minderleistung der Pumpe infolge endlicher Zahl der Laufschaufeln bewirkt den
Übergang des Dreiecks $A_2\,B_2\,C_2$ in das Dreieck $A_2'\,B_2\,C_2$. Dabei liegen

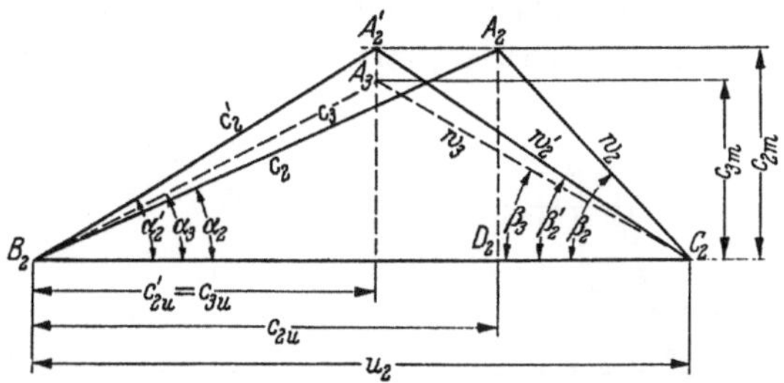

Abb. 2.11. Geschwindigkeitsdreiecke für die Druckkante eines Pumpenlaufrades bei
unendlicher und endlicher Schaufelzahl.

die Dreieckspitzen A_2 und A_2' auf einer Parallelen zu u_2, weil aus Kontinuitätsgründen der Volumenstrom und damit auch die Meridiankomponente c_{2m} gleich bleiben.
Die Minderleistung kommt hier darin zum Ausdruck, daß der Schaufelwinkel β_2 um
$\beta_2 - \beta_2'$ übertrieben ist bzw. die Umfangskomponente der Absolutströmung um
$\overline{A_2\,A_2'} = c_{2u} - c_{2u}'$ abgenommen hat.

Außerdem ist die in Gl. (2,9) ausgedrückte Querschnittsverengung durch die Schaufeln zu berücksichtigen. Die Umfangskomponente c_{2u}' ändert sich durch den Fortfall der Schaufelverengung nicht, so daß $c_{2u}' = c_{3u}$ ist. Für die Strömung hinter
dem Rad gilt das Dreieck $A_3\,B_2\,C_2$.

2.3. Das Pfleiderersche Verfahren zur Berechnung der Minderleistung bei Pumpen

Zur Berechnung der Minderleistung bei Pumpen wird in der Praxis häufig ein Verfahren benutzt, welches C. Pfleiderer im Jahre 1924 angegeben hat. Pfleiderer
setzt

$$Y_{Sch\,\infty} = Y_{Sch}(1 + p),\qquad\qquad(2,12)$$

worin

$$p = \Psi'\,\frac{r_2^2}{z\,S}.\qquad\qquad(2,13)$$

Darin ist

r_2 der Radius an der Druckkante des Laufrades,
z die Schaufelzahl,
S das statische Moment des Stückes AB der mittleren Flußlinie zwischen Ein-
und Austrittskante in bezug auf die Drehachse (Abb. 2.12), nämlich

$$S = \int_{r_1}^{r_2} r \, dx, \tag{2,14}$$

Ψ' eine Erfahrungszahl, die von der Laufradform und von der Art der dem Laufrad
nachgeschalteten Leitvorrichtung abhängig ist. Nach experimentellen Untersuchungen

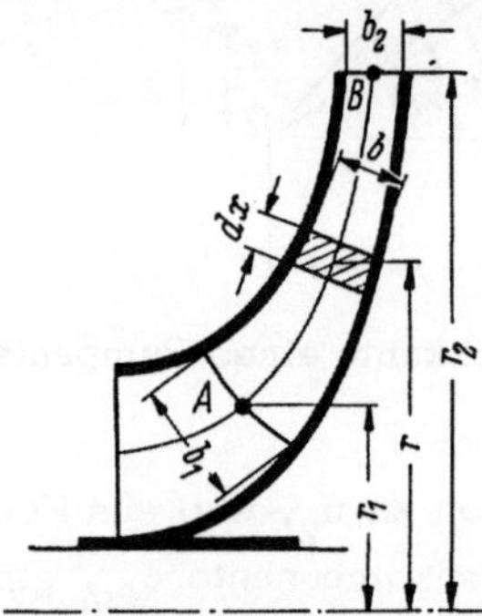

Abb. 2.12. Meridianschnitt
eines Pumpenlaufrades.

kann gesetzt werden beim **R a d i a l r a d** mit beschaufeltem Leitrad

$$\Psi' = 0,6 \left(1 + \frac{\beta_2}{60^\circ} \right), \tag{2,15}$$

mit einem Spiralgehäuse als einziger Leitvorrichtung

$$\Psi' = (0,65 \text{ bis } 0,85) \left(1 + \frac{\beta_2}{60^\circ} \right), \tag{2,15a}$$

mit einem glatten Leitring als einziger Leitvorrichtung

$$\Psi' = (0,85 \text{ bis } 1,0) \left(1 + \frac{\beta_2}{60^\circ} \right), \tag{2,15b}$$

beim **A x i a l r a d**

$$\Psi' = (1,0 \text{ bis } 1,2) \left(1 + \frac{\beta_2}{60^\circ} \right), \tag{2,16}$$

wobei der Schaufelwinkel β_2 in Grad einzusetzen ist.

Die mit obigen Gleichungen errechneten Ψ'-Werte sind als Richtwerte zu betrachten, die nur bei normalen Schaufelzahlen gelten.

Beim Radialrad ist in Gl.(2,14) $dx = dr$, also $S = \int_{r_1}^{r_2} r\,dr = (r_2^2 - r_1^2)/2$ und nach Gl.(2,13)

$$p = 2\,\frac{\Psi'}{z}\,\frac{1}{1 - (r_1/r_2)^2}\,. \qquad (2,17)$$

Im Regelfall $r_1/r_2 \approx 0,5$ wird

$$p = \frac{8}{3}\,\frac{\Psi'}{z}\,. \qquad (2,18)$$

Gl.(2,18) wird für alle Radialschaufeln mit $r_1/r_2 \leqslant 1/2$ unverändert verwendet, weil im Bereich dieser normalen Schaufellänge Änderungen von r_1/r_2 wenig ausmachen.

Beim Axialrad (Abb.2.13) ist $r_1 = r_2 = r$, damit $S = r\cdot AB = re$ und nach Gl. (2,13),

$$p = \frac{\Psi'r}{ze}\,. \qquad (2,19)$$

Bei halbaxialen Laufrädern (z.B. Radform III in Abb.2.23) wertet man das Integral von Gl.(2,14) dadurch aus, daß man kleine, gleich lange Strecken Δx auf AB (Abb.

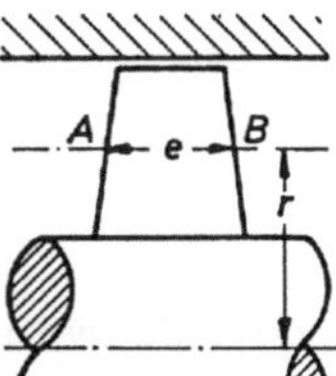

Abb.2.13. Axialrad.

2.12) abträgt und die zugehörigen Radien addiert. Dann ist $S = \Delta x\,\Sigma r$. Angenähert kann auch $S = a\,r_a$ gesetzt werden, wobei a die geradlinige Verbindungsstrecke der Punkte AB und r_a der Radius des Mittelpunktes der Strecke a ist.

2.4. Spaltdruck, Gleich- und Überdruckwirkung, Reaktionsgrad, Druckzahl

Die Betrachtung der Arbeitsweise der Strömungsmaschinen (Abschn.1.3) läßt vermuten, daß zwischen beiden Seiten der Laufradbeschaufelung, d.h. zwischen den Stellen mit den Fußzeichen 3 und 0 (Abschn.2.1) ein statischer Druckunterschied vorliegt. Dieser Druckunterschied $p_3 - p_0$ herrscht angenähert auch am Dichtspalt zwischen Laufrad und Gehäuse (R in Abb.7.5), weshalb wir $p_3 - p_0$ als Spaltdruck bezeichnen. Die spez. Arbeitsfähigkeit, die das Arbeitsmedium auf Grund des Spaltdruckes hat, wird als **spez. Spaltdruckarbeit** Y_{Sp} bezeichnet. Es ist

$$Y_{Sp} = \frac{p_3 - p_0}{\rho}. \tag{2,20}$$

Die gesamte Energiedifferenz zwischen Druckkante (Stelle 3) und Saugkante (Stelle 0) des Laufrades ist einerseits gleich der spez. Spaltdruckarbeit zuzüglich des Unterschiedes an Geschwindigkeitsenergie, andererseits gleich der spez. Schaufelarbeit Y_{Sch}, von der die Verluste in den Laufschaufelkanälen[1] Z_u bei Pumpen abzuziehen und bei Turbinen hinzuzufügen sind:

$$Y_{Sp} + \frac{c_3^2 - c_0^2}{2} = Y_{Sch} \mp Z_u. \tag{2,21}$$

In Gl. (2,21) gilt wieder das obere Vorzeichen für Pumpen und das untere für Turbinen. Es ist (vgl. Gl. (2,6))

$$Y_{Sch} = u_2\, c_3 \cos \alpha_3 - u_1\, c_0 \cos \alpha_0.$$

Der Cosinussatz für die Geschwindigkeitsdreiecke an der Saug- und Druckkante (Abb. 2.5, 2.7 und 2.11)

$$2 u_1\, c_0 \cos \alpha_0 = u_1^2 + c_0^2 - w_0^2$$

$$2 u_2\, c_3 \cos \alpha_3 = u_2^2 + c_3^2 - w_3^2,$$

ergibt

$$Y_{Sch} = \frac{c_3^2 - c_0^2 + u_2^2 - u_1^2 + w_0^2 - w_3^2}{2}. \tag{2,22}$$

Gl. (2,22) stellt eine besondere Schreibweise der Hauptgleichung Gl. (2,6) dar. Aus Gln. (2,21) und (2,22) kann die spez. Spaltdruckarbeit berechnet werden:

$$Y_{Sp} = \frac{u_2^2 - u_1^2 + w_0^2 - w_3^2}{2} \mp Z_u. \tag{2,23}$$

Für eine grobe, überschlägige Berechnung der spez. Spaltdruckarbeit können zwecks weiterer Vereinfachung der Rechnung die Leitschaufelverluste vernachlässigt, d.h. $Z_u \approx Z_h$ gesetzt werden. Dann wird (vgl. Gl. (1,19))

$$Y = Y_{Sch} \mp Z_h \approx Y_{Sch} \mp Z_u \tag{2,24}$$

---

[1] Das Fußzeichen u (= umlaufend) wird hier verwendet, weil die betreffende Größe sich auf das Laufrad bezieht. Bei Geschwindigkeiten kennzeichnet das Fußzeichen u die Umfangskomponente.

und somit aus Gl.(2,21) grob angenähert

$$Y_{Sp} \approx Y - \frac{c_3^2 - c_0^2}{2}.\qquad (2,25)$$

Mit Hilfe des Spaltdruckes soll nun die Gleich- und Überdruckwirkung bei Strömungsmaschinen erklärt werden. Dieser Unterschied tritt besonders anschaulich bei Turbinen hervor, weshalb er am Beispiel der Turbinen erklärt werden soll. Man unterscheidet bei Turbinen zwei Hauptgruppen:

1. Gleichdruckturbinen, bei denen der Druck an der Eintritts- und Austrittsseite der Laufschaufeln gleich groß ist, d.h. $Y_{Sp} = 0$ ist. Bei diesen Gleichdruckturbinen wird die gesamte spezifische Arbeit Y im Leitrad in Geschwindigkeit umgesetzt. Die Ge-

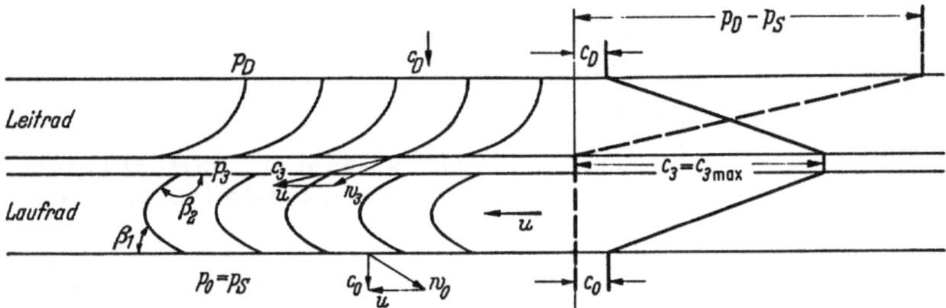

Abb.2.14. Druck- und Geschwindigkeitsverlauf in einer Gleichdruckturbine.

schwindigkeit c_3 ist also ein Größtwert. Der rechte Teil von Abb.2.14 zeigt gestrichelt gezeichnet den Druckverlauf und ausgezogen gezeichnet den Verlauf der Absolutgeschwindigkeit c im Leit- und Laufrad einer Gleichdruckturbine.

In einer reibungsfreien Strömung wäre in Gl.(2,23) der Reibungsverlust $Z_u = 0$. Dann ist bei einer axialen Gleichdruckturbine (d.h. bei $u_1 = u_2$ und $Y_{Sp} = 0$) nach Gl.(2,23) die Relativgeschwindigkeit $w_3 = w_0$. Es ist zweckmäßig, diese Relativgeschwindigkeit $w_3 = w_0$ im gesamten Laufschaufelkanal beizubehalten, was einen gleichbleibenden Strömungsquerschnitt im Laufschaufelkanal erfordert. Die Laufschaufel muß zur Erzielung gleichen Kanalquerschnitts am Ein- und Austritt hakenförmig gekrümmt sein (Hakenschaufel), mit $\beta_2 > 90°$, vgl. Abb.2.14, 2.15, 2.16. Wegen des geforderten gleichbleibenden Strömungsquerschnitts ist bei einem gas- oder dampfförmigen Fluid (d.h. bei Gas- und Dampfturbinen) die Schaufel in der Mitte zu verdicken (Abb.2.15).

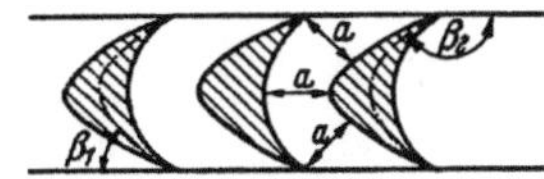

Abb.2.15. Gleichdruckschaufeln einer Dampf- oder Gasturbine. Die Kanalweite a ist an allen Stellen etwa gleich groß.

Bei Wasserturbinen (Abb.2.18) gibt man der Strömung in den Laufschaufelkanälen eine freie Oberfläche, wodurch sich von selbst der geforderte gleichbleibende Strömungsquerschnitt einstellt. Durch diese freie Oberfläche werden außerdem die Reibungsverluste vermindert, weil praktisch nur noch Verluste an der benetzten Kanalwand entstehen. Außerdem läßt man das Laufrad einer Gleichdruck-Wasserturbine (ebenso wie ein Wasserrad) in Luft umlaufen (Abb.2.17). Wegen der geringen Dichte der Luft ist der in Abschn. 7.4 behandelte Ventilationsverlust sehr klein (vgl. hierzu Gl.(7,21)).

Das Laufrad einer Gleichdruckturbine braucht nicht am gesamten Umfang vom Arbeitsmedium durchströmt zu werden. Wegen des gleichen Druckes am Ein- und Austritt

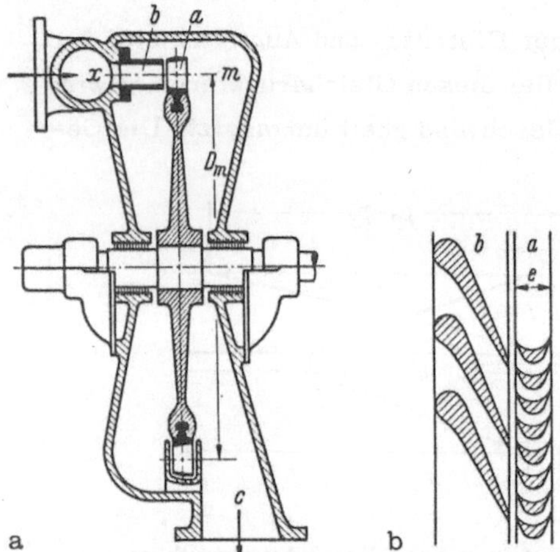

Abb.2.16a u. b. Partiell beaufschlagte, einstufige, axiale Dampfturbine nach DE LAVAL.
a) Axialschnitt (Meridianschnitt);
b) Abwicklung des Zylinderschnittes nach m - x, a Laufrad; b Leitrad;
c Saugrohr (Abdampfstutzen).

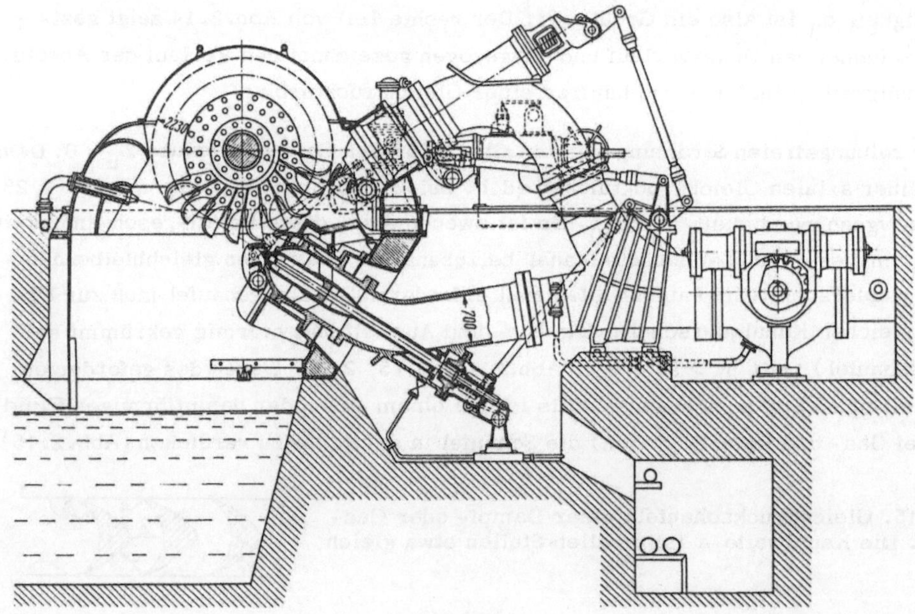

Abb.2.17. PELTON-Turbine mit 2 Düsen. H = 780 m, $\dot{V}$ = 5,5 m³/s, P = 37,8 MW, n = 500 U/min (Voith).

der Laufschaufelkanäle darf das Laufrad t e i l w e i s e , d.h. p a r t i e l l b e a u f s c h l a g t
werden. Bei der Gleichdruckturbine ist es also möglich, daß sich die Leitvorrichtung nur über einen Teil des Laufradumfangs erstreckt (Abb.2.16 und 2.17). Dies
ist dann besonders wichtig, wenn nur ein kleiner Volumenstrom $\dot{V}$ bei großer spezifischer Stutzenarbeit Y in der Turbine verarbeitet wird. Dann ergeben sich nämlich
kleine Strömungsquerschnitte, die zur Besetzung des ganzen Radumfanges nicht aus-
reichen. Die partielle Beaufschlagung ermöglicht sinngemäß eine Vergrößerung des
Raddurchmessers. Bei partieller Beaufschlagung entstehen im nichtbeaufschlagten
Teil des Laufrades Ventilationsverluste, die in Abschn. 7.4 behandelt werden.

Für den in der Praxis häufig vorkommenden Fall $\alpha_0 = 90°$ ergibt sich aus der Hauptgleichung (vgl. Gl.(2,7)):

$$u_2 = \frac{Y_{Sch}}{c_3 \cos \alpha_3} \cdot \qquad (2,26)$$

Aus Gl.(2,26) erkennt man, daß bei gleicher spez. Schaufelarbeit Y_{Sch} die Umfangsgeschwindigkeit u_2 den kleinstmöglichen Wert annimmt, wenn - wie bei Gleichdruckturbinen - c_3 der Größtwert ist. Bei dieser Betrachtung kann $\cos \alpha_3$ als etwa konstant bleibend betrachtet werden. Gleichdruckturbinen verarbeiten also eine darge-

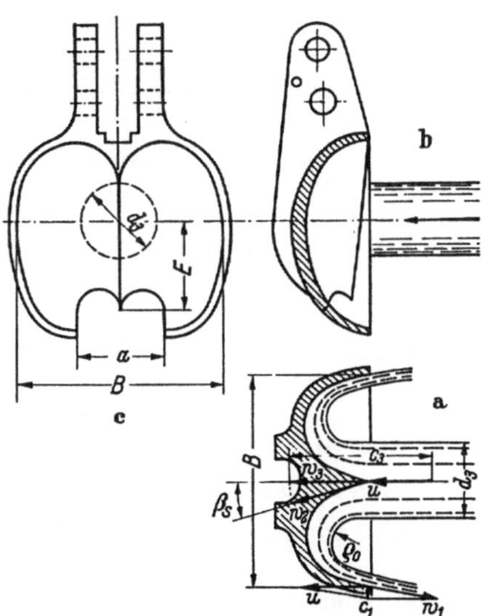

Abb.2.18a-c. PELTON-Schaufel.

botene spez. Schaufelarbeit mit der kleinstmöglichen Umfangsgeschwindigkeit oder
aber bei einer z.B. durch die zulässige Fliehkraftbeanspruchung gegebenen Umfangsgeschwindigkeit u_2 verarbeiten Gleichdruckturbinen eine maximale spez. Schaufelarbeit $\dot{Y}_{Sch}$, d.h. eine maximale spez. Stutzenarbeit Y. Gleichdruckturbinen sind somit L a n g s a m l ä u f e r . Die Drehzahl $n = u_2 / \pi D_2$ kann hier außerdem zusätzlich

gesenkt werden, weil durch partielle Beaufschlagung eine Vergrößerung des Laufrad-
durchmessers D_2 möglich ist.

2. Überdruckturbinen, bei denen der Druck p_3 an der Eintrittsseite der Laufschaufeln größer als der Druck p_0 an deren Austrittsseite ist. Hier ist also $Y_{Sp} > 0$. Bei
den Überdruckturbinen ist c_3 nicht der Größtwert, da im Leitrad - im Vergleich zur
Gleichdruckturbine - ein um den Spaltdruck $p_3 - p_0$ kleinere Druckdifferenz in Geschwindigkeit umgesetzt wird (Abb. 2.19).

Gl. (2.26) ergibt bei gleicher spezifischer Schaufelarbeit Y_{Sch} für Überdruckturbinen wegen der nun kleineren Geschwindigkeit c_3 eine größere Umfangsgeschwindig-
digkeit u_2 als für Gleichdruckturbinen. Überdruckturbinen sind s c h n e l l ä u f i g e r
als Gleichdruckturbinen.

Bei Überdruckturbinen ist eine p a r t i e l l e Beaufschlagung n i c h t z u l ä s s i g ,
da bei Überdruck und partieller Beaufschlagung durch die nicht beaufschlagten Laufschaufelkanäle ein Druckausgleich zwischen den Drücken p_3 und p_0 entstehen würde.

Nach Gl. (2,23) ist für axiale Überdruckturbinen ($u_1 = u_2$) die Relativgeschwindigkeit
$w_0 > w_3$. (Hierbei kann wieder Z_u als vernachlässigbar klein betrachtet werden.) Im

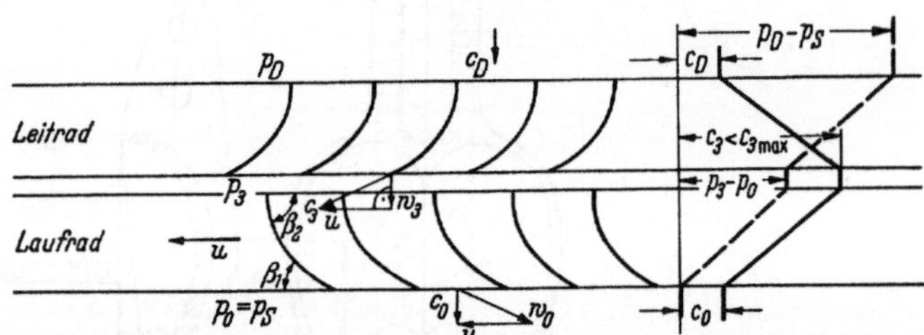

Abb. 2.19. Druck- und Geschwindigkeitsverlauf im Leit- und Laufrad einer Überdruckturbine.

Laufschaufelkanal wird also die Relativgeschwindigkeit beschleunigt, was eine Ver-
engung des Laufschaufelkanalquerschnitts bedingt. Die Schaufelform ist aus dem linken Teil von Abb. 2.19 zu erkennen.

Die Stärke des Überdrucks, d.h. der Reaktion, kennzeichnen wir durch den

$$\text{Reaktionsgrad } r = \frac{\text{spez. Spaltdruckarbeit } Y_{Sp}}{\text{spez. Stutzenarbeit } Y} . \qquad (2,27)$$

Der Reaktionsgrad ist bei Gleichdruck = 0. Bei Überdruck ist er > 0 und meist < 1.
Nur in Sonderfällen überschreitet der Reaktionsgrad bei Überdruckmaschinen den
Wert 1.

Wir haben aus Gl.(2.26) erkannt, daß u_2 von Y_{Sch} (und damit von Y) abhängig ist. Diese Abhängigkeit kennzeichnet man durch die D r u c k z a h l Ψ, die das Verhältnis von Y zu der mit u_2 berechneten Geschwindigkeitsenergie darstellt.

$$\Psi = \frac{Y}{u_2^2/2} = \frac{2Y}{u_2^2} = \frac{c_y^2}{u_2^2}. \qquad (2,28)$$

$\sqrt{2Y} = c_y$ ist die Geschwindigkeit, die bei vollständiger, d.h. verlustloser Umsetzung der spez. Stutzenarbeit Y in Geschwindigkeitsenergie entstehen würde.

<u>Berechnung der Druckzahl Ψ für $\alpha_0 = 90°$</u>. Für $\alpha_0 = 90°$ ist (vgl. Gl.(2,7) und Gl.(1,24))

$$Y_{Sch} = u_2\, c_{3u} = Y\, \eta_h^{\mp 1}, \qquad (2,29)$$

wobei wieder das obere Vorzeichen für Pumpen und das untere für Turbinen gilt.

Damit wird Gl.(2,28)

$$\Psi = \frac{2\, c_{3u}}{u_2}\, \eta_h^{\pm 1}. \qquad (2,30)$$

Gemäß Gl.(2,27) kann

$$Y - Y_{Sp} = Y(1 - r) \qquad (2,31)$$

gesetzt werden. Aus Gln.(1,25), (2,28), (2,29) und (2,31) ergibt sich

$$\Psi = 4(1 - r)\left(\frac{\eta_h^2}{\eta_{DL}}\right)^{\pm 1}. \qquad (2,32)$$

Unter der Voraussetzung, daß $\alpha_0 = 90°$ und c_m vor und hinter Lauf- und Leitrad gleich ist, gilt Gl.(2,32) exakt mit dem oberen Vorzeichen des Exponenten 1 für Pumpen und mit dem unteren Vorzeichen für Turbinen. Gl.(2,32) zeigt, daß für eine Maschine mit $\alpha_0 = 90°$ und c_m = const die Druckzahl Ψ nur von dem Reaktionsgrad und den Wirkungsgraden η_h und η_{DL} abhängig ist.

Bei Überschlagsrechnungen, insbesondere bei mittleren Reaktionsgraden, kann in Gl. (2,32) $\eta_h \approx \eta_{DL}$ gesetzt werden. Damit ist

$$\Psi \approx 4(1 - r)\,\eta_h^{\pm 1}. \qquad (2,33)$$

Die Benutzung vorstehender Gleichungen ist besonders bei Pumpen vorteilhaft, weil bei einer Pumpe ohne Eintrittsleitrad stets $\alpha_0 = 90°$ ist. Bei einer Turbine dagegen wird durch Änderung der Betriebsverhältnisse auch ohne Austrittsleitrad sehr rasch $\alpha_0 \neq 90^\circ$, wodurch die Gleichungen ungültig werden.

Gl.(2,33) ergibt für Turbinen mit $r = 0$ und $\eta_h = 0,85$ eine Druckzahl $\Psi_{r=0} \approx 4,7$. Bei der Konstruktion einer Gleichdruckstufe einer Dampfturbine wählt man

$$\Psi_{r=0} = 4,5 \text{ bis } 7, \tag{2,34}$$

wobei der Bereich 4,5 bis etwa 5,5 für hochwertige Konstruktionen (mit bestmöglichem Wirkungsgrad und $\alpha_0 \approx 90^\circ$) und der anschließende Bereich bis 7 für billigere Konstruktionen (mit größtmöglicher Stufenarbeit bei noch annehmbarem Wirkungsgrad und $\alpha_0 > 90^\circ$) benutzt wird. Bei Gleichdruck-Wasserturbinen wählt man

$$\Psi_{r=0} = 4,5 \text{ bis } 5,5 \tag{2,35}$$

nur im Bereich des bestmöglichen Wirkungsgrades, weil bei Wasserturbinen im Vergleich zu Dampfturbinen die spez. Stutzenarbeiten sehr, sehr klein sind und dort trotz stets einstufiger Ausführung nie ernsthafte Schwierigkeiten durch zu hohe Umfangsgeschwindigkeiten entstehen können.

Zur Konstruktion von Überdruckturbinen wählt man entsprechend Gl.(2,32) die Druckzahl kleiner. Allgemein gilt für Dampfturbinen in Anlehnung an Gl.(2,34)

$$\Psi = (4,5 \text{ bis } 7)(1 - r). \tag{2,36}$$

Für $r = 0,5$ ergibt Gl.(2,36)

$$\Psi_{r=0,5} = 2,25 \text{ bis } 3,5, \tag{2,37}$$

wobei der untere Bereich 2,25 bis 2,75 für hochwertige und der Bereich von 2,75 bis 3,5 für billigere Konstruktionen gilt.

Bei Radialpumpen ist meist

$$\Psi = 0,9 \text{ bis } 1,3, \tag{2,38}$$

wobei der Reaktionsgrad r etwa im Bereich von 0,6 bis 0,75 liegt.

Bei Axialpumpen ist die (auf den äußeren Radius r_a bezogene) Druckzahl Ψ_a erheblich kleiner als Ψ bei Radialpumpen, weil bei Axialpumpen die Schaufelarbeit Y_{Sch} meist über dem Radius konstant ist, und somit Y_{Sch} auch am inneren Radius r_i übertragen werden muß.

Bei mehrstufigen Strömungsmaschinen wird bei der Druckstufung die gesamte Stutzenarbeit Y in einzelne Stufenarbeiten ΔY aufgeteilt, wobei jede einzelne Stufe einen bestimmten Druckunterschied Δp zu verarbeiten hat. Bei inkompressibeln Arbeitsmedien ist $Y = \Sigma \Delta Y$ und bei kompressiblen Medien $\mu Y = \Sigma \Delta Y$ mit μ als dem Mehrarbeitsbeiwert durch Reibungswärme (vgl. Abschn.8.1).

Bei einer so ausgeführten mehrstufigen Strömungsmaschine verwendet man zweckmäßig als Kennzahl die mittlere Druckzahl

$$\Psi_{mittel} = \frac{2\,\Sigma\Delta Y}{\Sigma u_2^2} \,.$$ (2,39)

Dabei ist bei inkompressiblen Medien

$$\Psi_{mittel} = \frac{2\,Y}{\Sigma u_2^2}$$ (2,39a)

und bei kompressiblen Medien

$$\Psi_{mittel} = \frac{2\,\mu\,Y}{\Sigma u_2^2} \,.$$ (2,39b)

Σu_2^2 ist hierbei die Summe der Quadrate der Umfangsgeschwindigkeiten der Laufschaufeldruckkanten der einzelnen Stufen. Die Gln.(2,39) bis (2,39b) gelten allgemein für Pumpen und Turbinen. Wenn z.B. bei einer mehrstufigen Kreiselpumpe für Wasserförderung die einzelnen Stufen untereinander gleich ausgeführt sind und somit auch die gleiche Stufenarbeit ΔY haben, geht Gl.(2,39) bzw. Gl.(2,39a) über in Gl.(2,28):

$$\Psi_{mittel} = \frac{2i\,\Delta Y}{i\,u_2^2} = \frac{2\,\Delta Y}{u_2^2} \,.$$ (2,40)

Hierbei bezeichnet i die Zahl der Druckstufen (vgl. Abschn.8.4a). Für eine Maschine, die aus gleichartigen Stufen besteht, ist somit

$$\Psi_{mittel} = \Psi,$$ (2,41)

wobei dann Ψ die Druckzahl jeder Einzelstufe ist. Für die einzelne Stufe gelten alle für die einstufige Maschine angeführten Gleichungen, wobei Y durch ΔY zu ersetzen ist.

Die für einstufige Maschinen bzw. Einzelstufen in Gln.(2,34) bis (2,38) angegebenen Zahlenwerte gelten somit auch für die mittlere Druckzahl Ψ_{mittel}.

Bei Dampfturbinen ist die mittels Gln.(2,39) oder (2,39a) berechnete mittlere Druckzahl Ψ_{mittel} ein Maß für die Güte der Maschine. Dabei sind die im Anschluß an die Gln.(2,34) bzw. (2,37) für Ψ gemachten Hinweise auch für Ψ_{mittel} gültig.

2.5. Die verschiedenen Laufschaufelformen und deren Anwendung

Die verschiedenen Laufschaufelformen der in Abschn. 2.4 behandelten Gleichdruck-
und Überdruckturbinen sind vor allem durch den Wechsel des Schaufelwinkels β_2 bedingt. Wir wollen nun den Einfluß von β_2 noch näher erfassen. Wir sahen, daß der
Einfluß von β_2 in einer Verschiedenheit der zu einer bestimmten spez. Schaufelarbeit Y_{Sch} bzw. Stutzenarbeit Y notwendigen Umfangsgeschwindigkeit u_2, also in
einer Verschiedenheit der Druckzahl Ψ, zum Ausdruck kommt.

In Abb. 2.20 sind drei Geschwindigkeitsdreiecke für die Stelle 2 (Druckseite der Laufradbeschaufelung) dargestellt, dessen Spitzen mit A, B und C bezeichnet sind. In diesen Dreiecken sind die Umfangsgeschwindigkeit u_2 und die Meridiankomponente c_{2m}

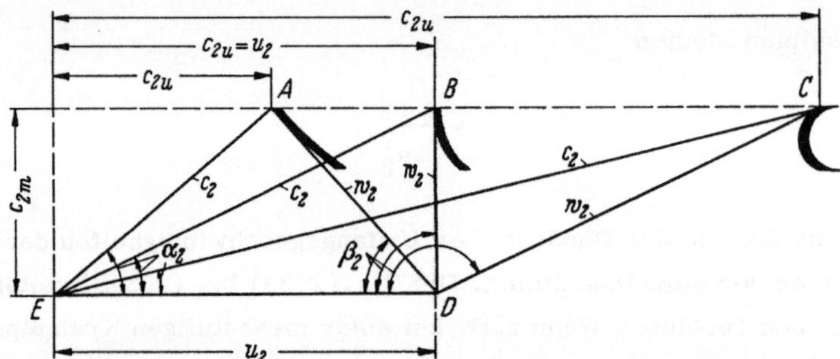

Abb. 2.20. Geschwindigkeitspläne für die Druckseite der Laufschaufeln mit konstanter Umfangsgeschwindigkeit u_2 und verschiedenen Winkeln β_2.

konstant, während der Winkel β_2 ausgehend von einem spitzen Winkel ADE über den
90°-Winkel BDE bis zu einen stumpfen Winkel CDE geändert wurde. Aus Abb. 2.20
erkennt man, daß diese Änderungen des Winkels β_2 Änderungen der Umfangskomponente c_{2u} zur Folge haben. Für den Fall drallfreier Strömung auf der Saugseite
($\alpha_0 = 90^\circ$) ist gemäß Gl. (2,7) und Abschn. 2.2 die Schaufelarbeit bei unendlicher
Schaufelzahl

$$Y_{Sch\,\infty} = u_2\, c_{2u}. \qquad\qquad (2,42)$$

Bei konstanter Umfangsgeschwindigkeit u_2 ist $Y_{Sch\,\infty}$ und damit unter der Annahme
eines gleichen Minderleistungsbeiwertes p und eines gleichen Schaufelwirkungsgrades η_h auch die spez. Stutzenarbeit Y proportional zu c_{2u} (vgl. hierzu Abb. 2.20).

In Abb. 2.20 sind außerdem die sich aus den verschiedenen Winkeln β_2 ergebenen
Laufschaufelformen für axiale Beaufschlagung eingezeichnet. Die entsprechenden
Laufschaufelformen für radiale Beaufschlagung zeigt Abb. 2.21, wobei die maßstabs-
gerecht dargestellten Laufräder die gleichen Leistungsdaten Y, $\dot{V}$, n und gleiche Winkel β_1 haben.

Die Zusammenhänge zwischen u_2, β_2, c_{2m} und $Y_{Sch\,\infty}$ erhält man rechnerisch, wenn man gemäß Abb. 2.20

$$c_{2u} = u_2 - c_{2m}/\tan\beta_2 \qquad (2,43)$$

in Gl. (2,42) einsetzt. Die Lösung dieser für u_2 quadratischen Gleichung ergibt

$$u_2 = \frac{c_{2m}}{2\tan\beta_2} + \sqrt{\left(\frac{c_{2m}}{2\tan\beta_2}\right)^2 + Y_{Sch\,\infty}} \cdot \qquad (2,44)$$

Für $\alpha_0 \neq 90°$ und damit $c_{0u} \neq 0$ erhält man (vgl. Gl. (2,6))

$$u_2 = \frac{c_{2m}}{2\tan\beta_2} + \sqrt{\left(\frac{c_{2m}}{2\tan\beta_2}\right)^2 + Y_{Sch\,\infty} + u_1 c_{0u}} \cdot \qquad (2,45)$$

In Abschn. 2.1 hatten wir erkannt, daß die Dichte ρ des Fluids bei einer vorgebenen Druckdifferenz $p_D - p_S$ einen unmittelbaren Einfluß auf die spez. Stutzenarbeit hat. Da außerdem die Druckdifferenzen $p_D - p_S$ sehr unterschiedlich sind, ergibt sich ein sehr weiter Bereich für die spez. Stutzenarbeiten; der starke Einfluß des Winkels β_2 auf das Verhältnis zwischen u_2 und Y wird nun dazu benutzt, die Drehzahl der Strömungsmaschine zum Zwecke der direkten Kupplung möglichst an die Drehzahl der elektrischen Maschinen anzupassen. Wie dies im einzelnen geschieht wird nachstehend besprochen.

Wasserturbinen haben wegen der hohen Dichte ρ des Wassers meist nur kleine spez. Stutzenarbeiten. Man hat dort oft die Schwierigkeit, ausreichend große Drehzahlen zu erhalten. Wasserturbinen sind deshalb häufig schnelläufige Überdruckturbinen. Nur bei sehr großen Fallhöhen und kleinem Volumenstrom werden Gleichdruckturbinen in Verbindung mit partieller Beaufschlagung vor allem in der Form der Peltonturbine (Abb. 2.17 und 2.18) benutzt. Selbst die größten in der Praxis vorkommenden Fallhöhen können so mit einer einstufigen Maschine bewältigt werden. Bei mittlerer und kleiner Fallhöhe benutzt man die vollbeaufschlagte Überdruckturbine mit Laufschaufelwinkeln β_2 von 90° und weniger. Man benutzt bei mittleren Fallhöhen Francis-Turbinen (Abb. 3.7, Schaufelform b in Abb. 2.21) und bei kleineren Fallhöhen Kaplan-Turbinen (Abb. 3.8, Schaufelform A in Abb. 2.20).

Dampfturbinen arbeiten wegen der geringen Dichte des Dampfes und den hohen Druckverhältnissen stets mit sehr sehr großen spez. Arbeiten Y. Man wählt die Umfangsgeschwindigkeit u_2 möglichst hoch an der durch die Fliehkraftbeanspruchung vorgegebenen Grenze und man muß zwecks Kleinhaltung der Stufenzahl in jeder einzelnen Stufe eine möglichst große Stufenarbeit ΔY verarbeiten. Da außerdem Dampfturbinen meist Axialturbinen sind, kommen wir zur Schaufelform C (Abb. 2.20). Man verwen-

det aber auch Schaufelform B (Abb.2.20), was natürlich im Vergleich zur Schaufelform C eine Vergrößerung der Stufenzahl bedingt.

Gasturbinen arbeiten im Vergleich zu Dampfturbinen mit kleineren Druckverhältnissen p_D/p_S, so daß hier das Streben nach großen spezifischen Stufenarbeiten ΔY
nicht so stark wie bei den Dampfturbinen ist. Man verwendet hier mehrstufige oder
manchmal auch einstufige Maschinen mit den Schaufelformen B (Abb.2.20) oder b
(Abb.2.21).

Bei Pumpen sind wegen der Verlangsamung der Strömung nur mäßige Kanalerwei-
terungen und geringe Kanalkrümmungen zulässig. Diese Verlangsamung kann im Laufschaufelkanal mit besserem Wirkungsgrad als im Leitschaufelkanal durchgeführt wer-

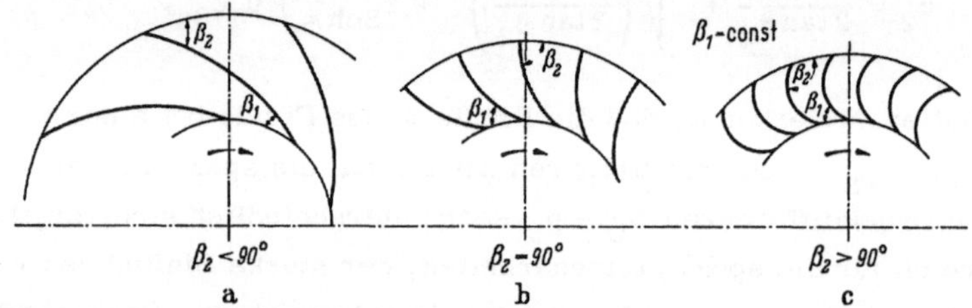

Abb.2.21. Zu Abb.2.20 gehörige Schaufelformen im Fall radialer Beaufschlagung.
Die hier maßstabgerecht dargestellten Pumpenlaufräder ergeben bei gleicher Drehzahl n den gleichen Förderstrom V̇ und die gleiche spez. Stutzenarbeit Y, obwohl
die Raddurchmesser und damit die Umfangsgeschwindigkeiten u_2 verschieden sind.

den, weil im Laufschaufelkanal die Grenzschicht größeren Fliehkräften unterliegt als
die gesunde Strömung und deshalb abgeschleudert wird. Dies erfordert kleine Laufschaufelwinkel β_2 und damit Schaufelformen A (Abb.2.20) oder a (Abb.2.21). In
Sonderfällen benutzt man auch etwas größere Schaufelwinkel β_2, beispielsweise
Schaufelform b in Abb.2.21. Insgesamt kann man sagen, daß man bei Pumpen Schaufelwinkel β_2 = 15 bis 90° benutzt, wobei der untere Bereich (β_2 = 15 bis 40°) für Was-
serpumpen und der obere Bereich (β_2 = 35 bis 90°) für Gasförderung gilt. Zu diesen
größeren Winkeln ist man bei Gasförderung gezwungen, weil hier wegen der kleinen
Dichte des Fluids selbst bei nur mäßigen Druckerhöhungen große spez. Schaufelarbeiten verlangt werden und man aus konstruktiven Gründen keine zu hohen Umfangsgeschwindigkeiten verwenden kann.

2.6. Die verschiedenen Laufradformen, spezifische Drehzahl oder Radformkennzahl

Die nachfolgenden Überlegungen über die Form des Laufrades wollen wir dadurch ver-
einfachen, daß wir von dem im Abschn.2.5 festgestellten großen Einfluß des Schaufelwinkels β_2 absehen und außerdem α_0 = 90° annehmen.

Bei der Betrachtung der verschiedenen Laufradformen gehen wir vom Radialrad aus, dessen Grundform durch ganz gezeichnete Linien in Abb.2.22 a und b dargestellt ist. Aus der Form des Radialrades wollen wir nun andere Laufradformen entwickeln.

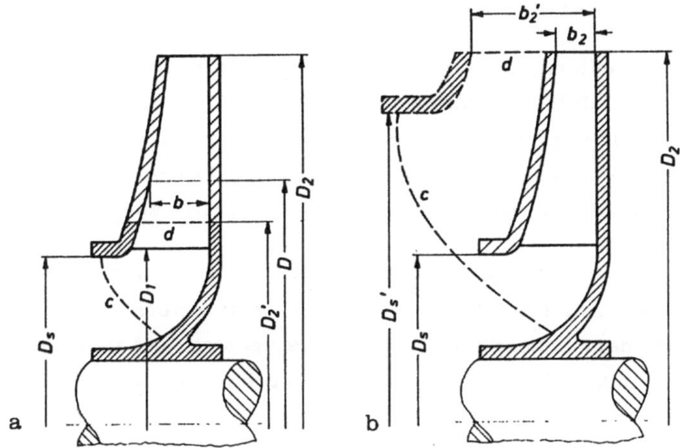

Abb.2.22a u.b. Langsamläufiges Radialrad (ausgezogene Linien) und daraus entwickelte Radform des mittelläufigen Radialrades (gestrichelt gezeichnete Saugkante c und Druckkante d; Rad- und Deckscheibe sind eng schraffiert). Diese Entwicklung kann erfolgen durch Verkleinerung des Radaußendurchmessers (Abb.2.22a) oder durch Vergrößerung der Schluckfähigkeit (Abb.2.22b).

Wenn wir zur Vereinfachung die Druckzahl Ψ (vgl. Gl.(2,28) und (2,38)) als Konstante betrachten, ist

$$u_2 \sim n\,D_2 \sim \sqrt{Y},\qquad\qquad(2,46)$$

während die saugseitigen Abmessungen im wesentlichen nur von dem verlangten Volumenstrom $\dot{V}$ abhängen und mit diesem wachsen.

Die für die Bemessung und Formgebung des Laufrades einer einstufigen, einflutigen Strömungsmaschine nötigen Daten sind n, $\dot{V}$ und Y.

Nehmen wir zunächst Y als konstant bleibend an und lassen die Drehzahl variieren, so muß u_2 konstant bleiben (vgl. Gl.(2,46)). Dabei ändert sich D_2 umgekehrt proportional mit der Drehzahl. Abb.2.22a zeigt in ausgezogenen Linien ein langsamläufiges Radialrad, bei dem D_2 = (2 bis 3) D_s ist. Das Produkt Db ist bei diesem Rad konstant, so daß also auch die Meridiankomponente c_m im Verlauf des Laufschaufelkanals konstant bleibt. Wenn wir (bei konstantem u_2) die Drehzahl vergrößern, muß der Laufradaußendurchmesser beispielsweise von D_2 auf D_2' (Abb.2.22a) verkleinert werden. Die für die Arbeitsübertragung benötigte Schaufelfläche kann zwi-

schen den Durchmessern D_1 und D_2' nicht oder nur schlecht untergebracht werden,
weshalb man bei der nun entstehenden Radform die Saugkante der Laufschaufel in
den Saugmund vorzieht. In Abb.2.22a ist die so entstandene Saugkante mit c bezeichnet und ebenso wie die Druckkante d gestrichelt eingezeichnet. Das so entstandene
Laufrad bezeichnen wir als mittelläufiges Radialrad.

Man kann sich die Laufradform des mittelläufigen Radialrades aus dem langsamläufigen Radialrad auch in der Weise entstanden denken, daß bei konstantem Durchmesser D_2 und konstanter Drehzahl der Volumenstrom $\dot{V}$ vergrößert wurde. Zur Bewäl-
tigung dieses größeren Volumenstromes wurde in Abb.2.22b der Saugmunddurchmesser von D_s auf D_s' und die Laufschaufelbreiten von b auf b' vergrößert.

Wenn man nun ausgehend vom mittelläufigen Radialrad bei konstantem u_2 die Drehzahl weiter steigert und damit den Durchmesser D_2 weiter verkleinert, kommt man
zum halbaxialen Rad, dem Schnelläufer, mit schräg gestellter Laufschaufel-Druck-
kante (vgl. Form III in Abb.2.23). Eine weitere Durchmesserverkleinerung führt

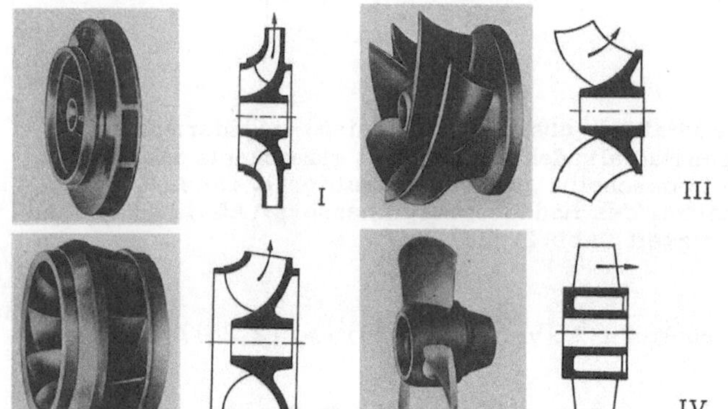

Abb.2.23. Radformen I bis IV.
Die Pfeile geben die Durch-
strömrichtungen in Pumpenlaufrädern an (Werkbilder
Escher Wyss).

uns zum Axialrad, das auch Propeller genannt wird (vgl. Form IV in Abb.2.23). Die
verschiedenen Radformen I bis IV würden wir auch erhalten, wenn wir statt der Verkleinerung des Durchmessers D_2 eine Vergrößerung des Volumenstromes $\dot{V}$ vorneh-
men (vgl. Abb.2.22b) oder wenn wir bei konstanter Drehzahl n und konstantem Volumenstrom $\dot{V}$ die spez. Stutzenarbeit Y (und damit u_2 und D_2) zu verkleinern hätten.

Zusammenfassend können wir zu den in Abb.2.23 dargestellten Radformen I bis IV folgendes sagen:

I   langsamläufiges Radialrad (Langsamläufer)
       kleine Drehzahl oder (und) kleiner Volumenstrom oder (und) große spez.
       Schaufelarbeit

II   mittelläufiges Radialrad (Mittelläufer)
       mittlere Drehzahl oder (und) mittelgroßer Volumenstrom oder (und) mittlere
       spez. Schaufelarbeit

III   Halbaxialrad (Schnelläufer)
        große Drehzahl oder (und) großer Volumenstrom oder (und) kleine spez.
        Schaufelarbeit.

IV   Axialrad, Propeller (Schnellstläufer)
        größte Drehzahl oder (und) größter Volumenstrom oder (und) kleinste spez.
        Schaufelarbeit.

Es ergibt sich das Bedürfnis nach einer Kennzahl zur Kennzeichnung der Radform.
Zum Zwecke der Ableitung einer solchen Radformkennzahl stellen wir uns vor, daß
das Laufrad einer einstufigen Strömungsmaschine mit der spez. Stutzenarbeit Y, dem
Volumenstrom $\dot{V}$ und der Drehzahl n gegeben ist. Die Radformkennzahl muß unabhängig von der Größenausführung des Rades sein. Geometrisch ähnliche Laufräder müssen deshalb immer die gleiche Radformkennzahl ergeben. Wir kommen zu einer Radformkennzahl, indem wir einen Zusammenhang der gegebenen Werte Y, $\dot{V}$, n su-
chen, welcher bei geometrisch ähnlichen Rädern konstant bleibt.

Geometrisch ähnliche Laufräder haben auch geometrisch ähnliche Geschwindigkeitsdreiecke. Da nach der Kontinuitätsgleichung der Volumenstrom $\dot{V}$ stets gleich einem
Strömungsquerschnitt multipliziert mit der Strömungsgeschwindigkeit ist, ergibt sich
für geometrisch ähnliche Laufräder

$$\dot{V} \sim D_2^2\, c_2 \sim D_2^2\, u_2 \sim n D_2^3. \qquad (2,47)$$

Wenn man gemäßt Gl. (2,46) $D_2 \sim \sqrt{Y}/n$ einsetzt, erhält man

$$\dot{V} \sim n\, \frac{Y^{3/2}}{n^3} = \frac{Y^{3/2}}{n^2} \qquad (2,48)$$

oder

$$\sqrt{\dot{V}} \sim \frac{Y^{3/4}}{n}$$

oder

$$n\, \frac{\sqrt{\dot{V}}}{Y^{3/4}} = \text{konstant bei geometrisch ähnlichen Laufrädern.} \qquad (2,49)$$

Der Ausdruck $n\sqrt{\dot{V}}/Y^{3/4}$ ist die gewünschte Radformkennzahl. Sie ist dimensionslos; dies bedeutet, daß man unabhängig vom benutzten Einheitensystem immer den
gleichen Zahlenwert erhält, wenn man die einzelnen Größen in kohärenten Einheiten
einsetzt. Der Zahlenwert dieser Radformkennzahl ist aber sehr klein und daher schlecht
zu merken. Meist wird z.Z. in Deutschland als Radformkennzahl die spez. Drehzahl

n_q benutzt, die man erhält, wenn man Gl. (2,49) mit dem Faktor 333 multipliziert:

$$n_q = 333\, n\, \frac{\sqrt{\dot{V}}}{Y^{3/4}} \qquad\qquad (2,50)$$

Den gleichen Zahlenwert[1] für n_q erhalten wir aus

$$n_q = n\, \frac{\sqrt{\dot{V}}}{H^{3/4}} \, , \qquad\qquad (2,51)$$

wobei die einzelnen Größen in folgenden nichtkohärenten Größen einzusetzen sind: n in U/min, $\dot{V}$ in m³/s und H in m. Die mittels den Gleichungen (2,50) oder (2,51) berechnete Radformkennzahl n_q nennt man in der Praxis spezifische Drehzahl, weil dies die Drehzahl (in U/min) eines dem betrachteten Laufrade in allen Teilen geometrisch ähnlichen Laufrades ist, welches bei der Fall- oder Föderhöhe von 1 m den Volumenstrom von 1 m³/s hat.

Früher benutzte man in Deutschland die spezifische Drehzahl n_s, die auf die Nutzleistung von 1 PS und eine Fall- bzw. Förderhöhe von 1 m bezogen wurde. Es ist

$$n_s = n\, \frac{\sqrt{P_{Nutz}}}{H^{5/4}} \text{ in } \frac{\sqrt{PS}}{\min\, m^{5/4}} \, . \qquad\qquad (2,52)$$

Angenähert ist bei mit Wasser arbeitenden Maschinen

$$n_s \approx 3,65\, n_q \qquad\qquad (2,53)$$

und

$$n_s \approx 1200\, n\, \frac{\sqrt{\dot{V}}}{Y^{3/4}} \qquad\qquad (2,54)$$

(mit n, $\dot{V}$, Y in kohärenten Einheiten).

Wir werden als Radformkennzahl die spez. Drehzahl n_q nach Gl. (2,50) bzw. (2,51) benutzen.

Die spez. Drehzahl kennzeichnet also nur die Radform; sie ist unabhängig von der Größe der ausgeführten Maschine. Für die einzelnen Radformen (vgl. Abb. 2.23) gelten etwa folgende Bereiche:

---

[1] Den Zusammenhang zwischen den Gln. (2,50) und (2,51) erhält man aus

$$n_q = 9,81^{3/4} \cdot 60\, n\, \frac{\sqrt{\dot{V}}}{(g\,H)^{3/4}} = 333\, n\, \frac{\sqrt{\dot{V}}}{Y^{3/4}}$$

mit n in U/s, $\dot{V}$ in m³/s, Y in m²/s², H in m und g = 9,81 m/s².

I	Langsamläufer (langsamläufiges Radialrad)	n_q = 10 bis 30
II	Mittelläufer (mittelläufiges Radialrad)	n_q = 30 bis 60
III	Schnelläufer (Halbaxialrad)	n_q = 50 bis 150
IV	Schnellstläufer (Axialrad, Propeller)	n_q = 90 bis 500 und höher.

Diese Richtwerte können wir sowohl für Pumpen als auch für Turbinen benutzen, obwohl wegen des Einflusses der Minderleistung (vgl. Abschn.2.3) und wegen des hydraulischen Wirkungsgrades (vgl. Abschn.1.5) ein und dasselbe Laufrad bei gleicher Drehzahl n und gleichem Volumenstrom $\dot{V}$ bei Pumpenbetrieb eine erheblich kleinere Stutzenarbeit Y liefert als es bei Turbinenbetrieb benötigt. Bei der Ableitung der spez. Drehzahl haben wir konstant bleibende Schaufelwinkel β_2 vorausgesetzt. In der Praxis wird diese Voraussetzung nicht erfüllt. Es ist deshalb zusätzlich der Einfluß der Laufschaufelwinkel zu beachten.

Obige Zahlen gelten nur für einstufige Maschinen oder für die einzelnen Stufen mehrstufiger Maschinen. Sie gelten ferner nur für volle Beaufschlagung. Bei partieller Beaufschlagung (vgl. Abb.2.16 und 2.17) wäre es zur Kennzeichnung der Radform notwendig, in obigen Gleichungen für $\dot{V}$ den Volumenstrom einzusetzen, der sich bei voller Beaufschlagung ergeben würde. Zur Kennzeichnung partiell beaufschlagter (einstufiger) Maschinen wird jedoch in der Praxis häufig für $\dot{V}$ der Volumenstrom einge-

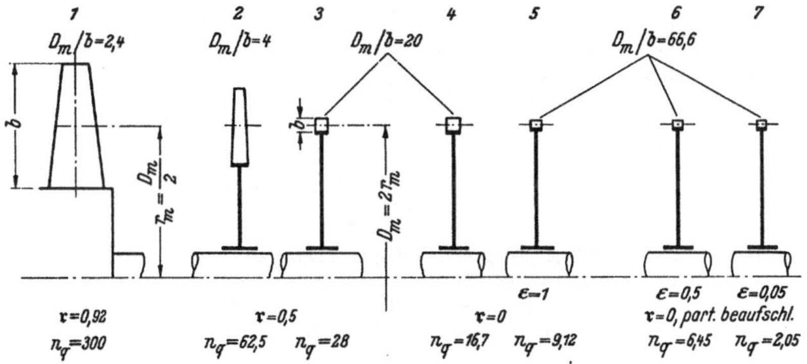

Abb.2.24. Axialräder mit verschiedenen spez. Drehzahlen n_q. Rad 5 bis 7 sind gleich, haben aber verschieden große Beaufschlagungsgrade ε. Die für die Räder 6 und 7 angegebenen spez. Drehzahlen n_q gelten für die bei den angegebenen Beaufschlagungsgraden ε vorliegenden Volumenströme V. Sämtliche Zahlenwerte gelten für $\alpha_0 = 90°$. Es ist ε = beaufschlagter Bogen/Radumfang (vgl. Abb.7.12).

setzt, der bei partieller Beaufschlagung vorliegt. Dann kennzeichnet die spez. Drehzahl nicht die Form des Laufrades sondern die der gesamten Maschine. Man kann so spez. Drehzahlen erreichen, die weit unter den für Langsamläufer angegebenen Werten liegen.

Im Dampfturbinenbau werden in der Regel stets Axialräder verwendet, obwohl dort auch Radformen extrem kleiner spez. Drehzahlen benötigt werden. Nachstehend wird gezeigt, daß man Axialräder auch extrem langsamläufig ausführen kann:

Wir gehen von einem schnelläufigen Axialrad aus (vgl. Rad 1 in Abb.2.24) und verkleinern bei konstantem mittleren Durchmesser D_m die radiale Schaufelbreite b. Dadurch wird bei konstanter Drehzahl n der Volumenstrom $\dot{V}$ und gemäß Gl.(2,50) die spez. Drehzahl n_q kleiner. Eine weitere Verkleinerung der spez. Drehzahl kann man erreichen, indem man den Laufschaufelwinkel β_2 vergrößert, dadurch den Reaktionsgrad verkleinert und dadurch bei konstanter Drehzahl n die spez. Stutzenarbeit Y vergrößert (vgl. hierzu Abschn.2.4). Von diesen Möglichkeiten ist in Abb. 2.24 bei den Übergängen vom Rad 1 bis zum Rad 5 Gebrauch gemacht. Eine weitere Verkleinerung der spez. Drehzahl wurde in Abb.2.24 bei den Rädern 6 und 7 durch partielle Beaufschlagung erreicht. Man kann so bei Axialrädern sehr kleine spez. Drehzahlen erreichen, die sogar kleiner sind als die langsamläufiger Radialräder.

In Abb.2.25 ist dargestellt, wie sich bei Betrieb im Punkt besten Wirkungsgrades die einzelnen Verluste bei einer Kreiselpumpe mit einem Förderstrom $\dot{V}$ = 0,1 m^3/s und einer Drehzahl n = 25 U/s in Abhängigkeit der spezifischen Drehzahl (bei verschiede-

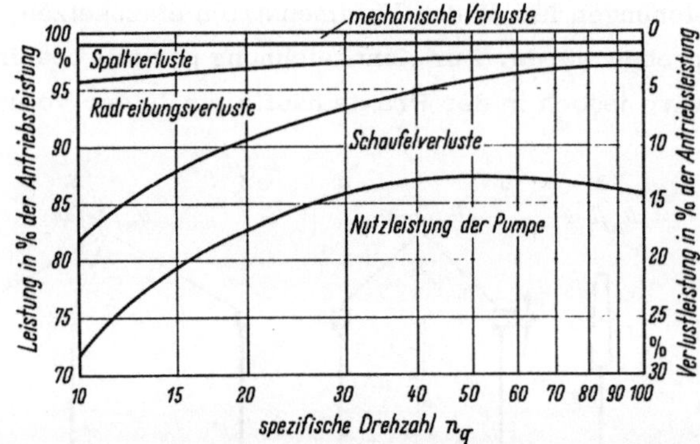

Abb.2.25. Leistungsbilanz einflutiger, einstufiger radialer bzw. halbaxialer Kreiselpumpen verschiedener spezifischer Drehzahlen mit einem Förderstrom $\dot{V}$ = 0,1 m^3/s und einer Drehzahl n = 25 U/s bei Betrieb im Punkt besten Wirkungsgrades (entnommen aus der nicht veröffentlichten Diplomarbeit Meinig, T.U. Braunschweig 1969).

nen Stutzenarbeiten) ändern. Man erkennt, daß mit kleiner werdener spezifischer Drehzahl n_q vor allem der Radreibungsverlust stark ansteigt.

Aus Abb.2.25 ist zu erkennen, daß der Spaltverlust bei kleinen spezifischen Drehzahlen beachtlich hoch ist. Dies kann folgendermaßen erklärt werden:

Sämtliche in Abb.2.25 erfaßten Kreiselpumpenräder haben (gemäß Abschn.3.5) die gleichen Abmessungen des Saugmundes, da sämtliche Räder für den gleichen Förderstrom und die gleiche Drehzahl ausgelegt sind. Bei Laufrädern mit Deckscheibe sind somit die Abmessungen der Ringspaltdichtung (vgl. Abb.7.1 bzw. 7.5) untereinander gleich. Die Räder mit kleiner spezifischer Drehzahl erzeugen aber eine größere Schaufelarbeit und damit (bei als konstant angenommenem Reaktionsgrad) eine entsprechend größere Spaltdruckarbeit und damit in Gl.(7,2) eine entsprechend größere Druckdifferenz Δp. Deshalb nimmt der Spaltverlust mit kleiner werdender spezifischer Drehzahl stark zu.

Der Einfluß der Größe der Maschine auf den Wirkungsgrad ist aus Abb.2.26 zu erkennen. Dort ist der von einstufigen, einflutigen Kreiselpumpen im Betriebspunkt besten Wirkungsgrades erreichbare Gesamtwirkungsgrad in Abhängigkeit der spez. Drehzahl

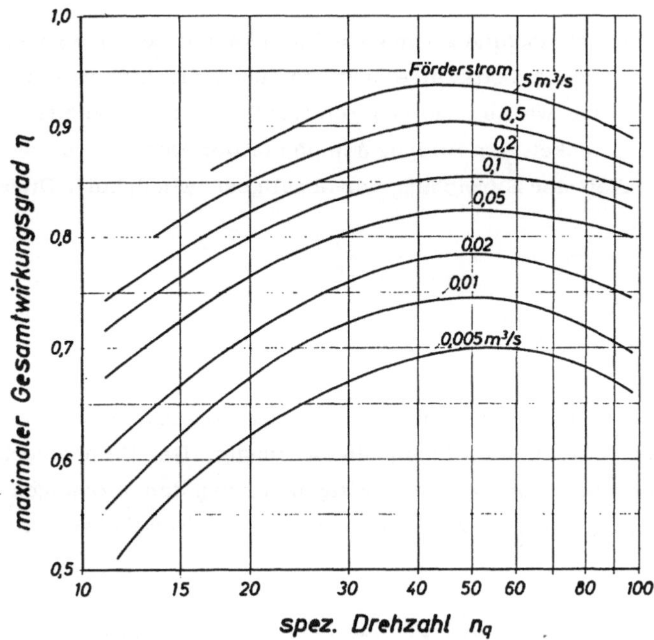

Abb.2.26. Im Betriebspunkt besten Wirkungsgrades erreichbarer Gesamtwirkungsgrad einflutiger, einstufiger, radialer bzw. halbaxialer Kreiselpumpen verschiedener spez. Drehzahlen in Abhängigkeit der Maschinengröße, die durch die Größe des Förderstroms gekennzeichnet ist. (Nach E. Makay und M.L. Adams, Franklin Institute Research Laboratories. Power, July 1971, S.60/61).

und der durch den Förderstrom bedingten Größe der Maschine aufgetragen. Die in Abb.2.25 und 2.26 für eine Pumpe mit $\dot{V}$ = 0,1 m³/s angegebenen Wirkungsgrade stimmen nicht exakt miteinander überein. Dies ist darauf zurückzuführen, daß diese beiden Kennfelder von verschiedenen Autoren aufgestellt wurden und daß die erreichbaren Wirkungsgrade auch von der Güte der Maschine abhängen.

3. Kavitations- und Überschallgefahr

Das durch die Strömungsmaschine strömende Fluid kann besondere physikalische Eigenschaften haben, die die Arbeitsweise der Strömungsmaschine wesentlich beeinflussen können. Dies sind bei Wasser und anderen tropfbaren Flüssigkeiten die Verdampfbarkeit, d.h. die Möglichkeit der Bildung dampfgefüllter Hohlräume, bei Gasen und Dämpfen die Möglichkeit der Erreichung der Schallgeschwindigkeit. Diese Dinge werden nun besprochen.

3.1. Kavitation

Unter Kavitation versteht man das Entstehen mit nachfolgendem Zusammenbrechen dampfgefüllter Hohlräume in der Flüssigkeitsströmung. Der Dampfdruck (d.h. der Druck, bei dem der Übergang von dem flüssigen auf den dampfförmigen Zustand bzw. umgekehrt erfolgt) hängt von der Temperatur ab. Für Wasser gilt:

Wassertemperatur	20	40	60	80	100° C
Dampfdruck p_T =	0,0234	0,0738	0,199	0,474	1,013 bar.

Wird nun der statische Absolutdruck in der Flüssigkeitsströmung gleich oder kleiner als der Dampfdruck, so bilden sich (A in Abb.3.1) Dampfblasen, die von der Strömung

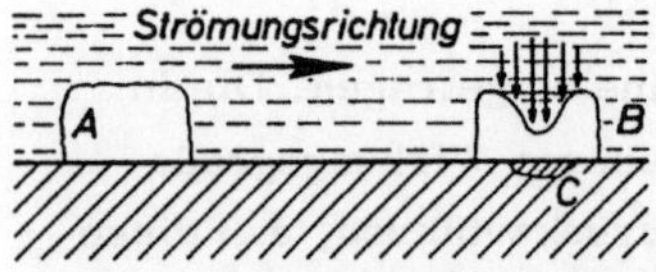

Abb.3.1. Dampfblasenbildung (Kavitation). A Entstehung der Dampfblase; B Zusammenbrechen der Dampfblase; C Werkstoffzerstörung.

mitgerissen werden. Die Dampfblasen entstehen meist an der Kanalwand, da bei einem gekrümmten Kanal in einer wirbelfreien Strömung der kleinste Druck stets an einer Wand vorhanden ist. Bei ansteigendem statischen Druck in der Strömung brechen die Dampfblasen zusammen, sobald der Dampfdruck überschritten wird (B in Abb.3.1). Das Zusammenbrechen erfolgt sehr rasch, und die Flüssigkeitsteilchen schlagen mit sehr großer Geschwindigkeit auf die Wand (C in Abb.3.1).

Durch das Aufschlagen der Flüssigkeit auf die Wand wird der Werkstoff der Wand an
dieser Stelle C mechanisch sehr stark beansprucht, was oft eine Zerstörung des Werk-
stoffes zur Folge hat. Abb.3.2 zeigt Kavitationserosion an einer Laufschaufel aus hoch-

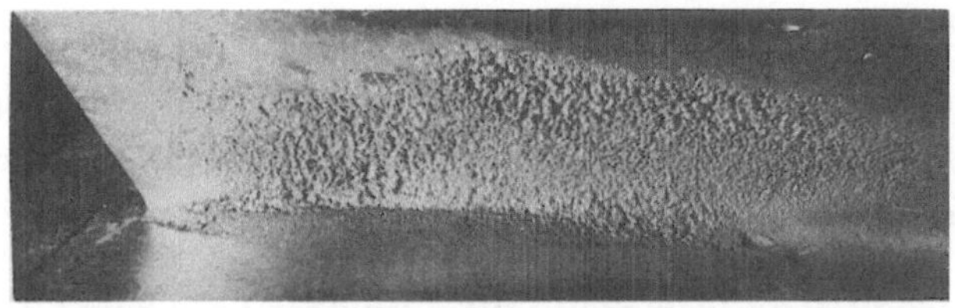

Abb.3.2. Kavitationsanfressungen an einer Laufschaufel (Werkbild Escher Wyss).

wertigem, rostfreiem Stahl, also aus einem gegen Kavitation sehr widerstandsfähigen
Werkstoff. Durch Kerben, Bearbeitungsunebenheiten oder andere kleine Vertiefungen
wird die örtliche Auftreffgeschwindigkeit des Wassers noch gesteigert (Abb.3.3) und

Abb.3.3. Gesteigerte Auftreffgeschwindigkeit des Wassers in Kerben. Links: Durch
Kavitation beschädigte Nut. Mitte und rechts:
Wasser wird durch Querschnittsverengung
beschleunigt.

die zerstörende Wirkung vergrößert. Bei Kavitationsgefahr empfiehlt es sich deshalb,
die gefährdeten Oberflächen zu polieren.

Eine weitere unerwünschte Folge von Kavitation ist ein Abfall des Wirkungsgrades und
der Nutzleistung, was auf die Verkleinerung des für den Durchfluß nutzbaren Quer-
schnittes und auf die unvollständige Wiederumsetzung der Übergeschwindigkeit in Druck
zurückzuführen ist.

Bei mittlerer und starker Kavitation sind die durch das Zusammenfallen der Dampfblasen entstehenden Schläge des Wassers auf die Kanalwand hörbar. Die bei schwacher
Kavitation entstehenden Druck- und Schallwellen sind mit Hilfe der Mikroelektronik
meßbar. So kann bereits eine beginnende Kavitation erfaßt und dadurch beispielsweise
bei einer Pumpe die Drehzahl durch eine entsprechende Regeleinrichtung gesenkt
und so ein Schaden durch Kavitation vermieden werden. Solche Regeleinrichtungen
gibt es in der Praxis nur selten. Die Kavitationsgefahr ist bei der Konstruktion und
dem Betrieb von Pumpen, Wasserturbinen und deren Anlagen zu beachten.

Die nachfolgenden Betrachtungen gelten für einen Betrieb im Beharrungszustand. Bei
der Inbetriebnahme ist zu beachten, daß bei einer Kreiselpumpe Saugrohr und Gehäuse vor der Inbetriebnahme mit Wasser zu füllen sind, während bei einer Wasserturbine die im Saugrohr vorhandene Luft nach dem Anfahren durch die Strömung des Was-

sers mitgerissen wird, weil die Steiggeschwindigkeit von Luftblasen viel kleiner als
die Wassergeschwindigkeit ist.

3.2. Kavitationsgefahr bei Pumpen

Die Kavitationsgefahr einer Kreiselpumpe wird sowohl durch die im Saugstutzen vorhandene Arbeitsfähigkeit (d.h. Energiebeladung) der Flüssigkeit als auch durch die
Strömungsverhältnisse in der Pumpe bestimmt.

Die spez. Arbeitsfähigkeit der Flüssigkeit im Saugstutzen kann durch die Bernoulli-
Konstante E (Gl.(1,4)) angegeben werden. Wenn man die Bezugsebene, von der aus
die Ortshöhe gemessen wird, bei waagerechter Pumpenwelle beispielsweise durch
die Wellenmitte festlegt und auch der Saugstutzen in gleicher Höhe liegt (Abb.3.4),
so ist die spez. Arbeitsfähigkeit der Flüssigkeit im Saugstutzen

$$E_S = \frac{p_S}{\rho} + \frac{c_S^2}{2} \, . \tag{3,1}$$

Außerdem ist (vgl. Abb.3.4)

$$E_S = \frac{p_A}{\rho} - g\,e_S - Z_S, \tag{3,2}$$

wobei

p_A der absolute Druck auf den Saugwasserspiegel (meist Atmosphärendruck[1]),

e_S die geodätische Saughöhe, d.h. Höhe der Wellenmitte über dem Saugwasser-
           spiegel,

g örtliche Fallbeschleunigung,

Z_S Verluste in der Saugleitung

----

[1] Der mittlere Atmosphärendruck beträgt bei einer Höhenlage über dem Meeresspie-
gel

Höhenlage	mittlerer Atmosphärendruck			
in m	N/m²	mbar	Torr	kp/cm²
0	101300	1013	760	1,033
500	95300	953	715	0,973
1000	89700	897	673	0,916
2000	79600	796	597	0,810

Der jeweilige Wert kann um etwa ± 25 mbar vom Mittelwert abweichen. Bei Berechnung der Saugfähigkeit ist stets der kleinstmögliche Atmosphärendruck einzusetzen; von den angegebenen Mittelwerten sind also etwa 25 mbar abzuziehen, falls
keine näheren Angaben über den Atmosphärendruck vorliegen.

sind. Bei Pumpen mit senkrechter Welle kennzeichnet e_S die Höhe des höchsten Punktes der Laufschaufelsaugkante (Abb.3.5a). Sinngemäß kann auch bei Maschinen mit waagerechter Welle e_S bis zum höchsten Punkt der Laufschaufelsaugkante gemessen

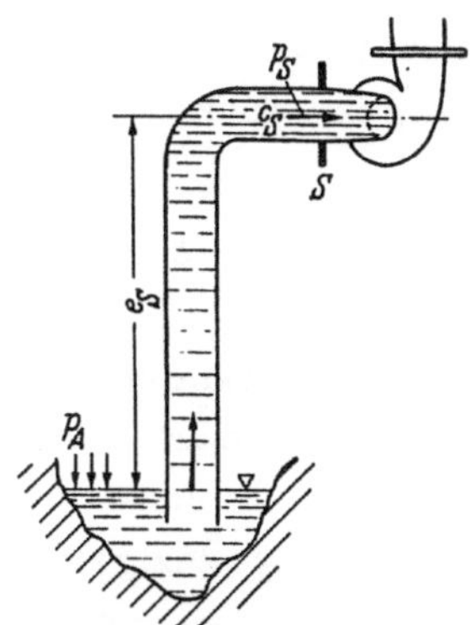

Abb.3.4. Kreiselpumpe mit Saugrohr.

werden (Abb.3.5b), was jedoch nur bei größeren Pumpen sinnvoll ist, bei denen der Laufraddurchmesser im Vergleich zu e_S einen nennenswerten Betrag ausmacht. Normalerweise wird e_S bei Pumpen mit waagerechter Welle bis zur Wellenmitte gemessen.

Gemäß den Ausführungen im Abschn.3.1 darf - um Kavitation zu vermeiden - der statische Druck in der Flüssigkeit den Dampfdruck nicht erreichen. Somit darf die spez.

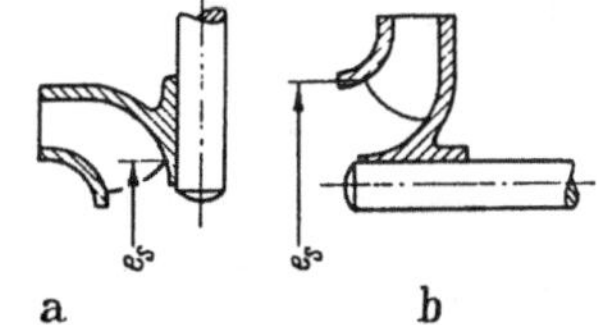

Abb.3.5a u. b. Messung der geodätischen Saughöhe e_S
a) bei Maschinen mit senkrechter Welle; b) bei großen
Maschinen mit waagerechter Welle.

Arbeitsfähigkeit der Flüssigkeit im Saugstutzen auch nicht voll ausgenutzt, d.h. nicht voll in Geschwindigkeit umgesetzt werden. Verfügbar ist nur

$$\left(E_S\right)_{\text{verfügbar}} = E_S - \frac{p_T}{\rho} = \frac{p_S - p_T}{\rho} + \frac{c_S^2}{2} = \frac{p_A - p_T}{\rho} - g\,e_S - Z_S, \qquad (3,3)$$

wobei p_T der in Abschn.3.1 besprochene Dampfdruck ist. Gl.(3,3) zeigt, daß $\left(E_S\right)_{\text{verfügbar}}$ nur durch Größen bestimmt wird, die von der Pumpenanlage und nicht von der Pumpe selbst abhängig sind.

Wenn Kavitation vermieden werden soll, muß die im Saugstutzen der Pumpe verfügbare Energie $\left(E_S\right)_{\text{verfügbar}}$ mindestens gleich der Halteenergie Δy sein. Die Halteenergie Δy wird benötigt, um die Reibungsverluste im Saugmund zu überwinden und um die

Flüssigkeit auf die größte im Laufschaufelkanal herrschende Strömungsgeschwindigkeit zu bringen. Δy könnte man auch als kleinstzulässige ausnutzbare spez. Arbeitsfähigkeit der Flüssigkeit im Saugstutzen bezeichnen. Δy wird durch die Pumpe bestimmt. Eine Pumpe hat dann eine gute Saugfähigkeit, wenn Δy klein ist. Weiter unten wird gezeigt, daß Δy von der Drehzahl, vom Förderstrom und von der Güte der
Konstruktion abhängig ist. Es kann gesetzt werden:

$$\Delta y = \lambda_1 \frac{w_0^2}{2} + \lambda_2 \frac{c_0^2}{2} . \qquad (3,4)$$

Hierbei sind w_0 bzw. c_0 die relative bzw. absolute Geschwindigkeit der Strömung kurz
vor der Saugkante der Laufschaufel. λ_1 und λ_2 sind Erfahrungszahlen. Bei einer hinsichtlich der Saugfähigkeit idealen Kreiselpumpe (bei der keine Verluste auftreten, der
Laufschaufeldruck am Anfang winzig klein ist, die Laufschaufeln unendlich dünn sind und
gleichmäßige Geschwindigkeitsverteilungen vorliegen) wäre $\lambda_1 = 0$ und $\lambda_2 = 1$. Bei einer
solchen idealen Pumpe wäre also Δy gleich der Geschwindigkeitsenergie von c_0. Bei der
wirklichen Pumpe treten aber Reibungs- und Umsetzungsverluste auf; auch ist c_0 in
Gl. (3,4) nur ein Mittelwert, während in Wirklichkeit wegen der ungleichmäßigen Geschwindigkeitsverteilung örtlich etwas höhere Geschwindigkeiten auftreten. Aus diesen
Gründen ist bei Pumpen λ_2 stets größer als 1, beispielsweise $\lambda_2 = 1,2$. Die Übergeschwindigkeiten im Laufschaufelkanal über der Geschwindigkeit w_0 (verursacht durch die Querschnittsverengung durch die Laufschaufeln und durch die ungleichmäßige Geschwindigkeitsverteilung z.B. durch den Laufschaufeldruck) werden durch λ_1 berücksichtigt. Der
Beiwert λ_1 ist deshalb stets größer als 0, beispielsweise $\lambda_1 = 0,3$.

In der Praxis (vgl. DIN 24260) werden häufig $\Delta y/g$ = NPSH$_R$ (<u>n</u>et <u>p</u>ositive <u>s</u>uction
<u>h</u>ead, <u>r</u>equired) als erforderliche Haltedruckhöhe und $(E_S)_{verfügbar}/g$ = NPSH$_A$ als
von der <u>A</u>nlage her vorhandene Haltedruckhöhe bezeichnet. Kavitation wird, wie oben
dargelegt, vermieden, wenn

$$(E_S)_{verfügbar} \geqq \Delta y \quad \text{also NPSH}_A \geqq \text{NPSH}_R \qquad (3,5)$$

ist. Aus Gln. (3,3) und (3,5) kann nun die maximal zulässige geodätische Saughöhe
$(e_S)_{max}$ einer Kreiselpumpe berechnet werden:

$$(e_S)_{max} = \frac{1}{g}\left(\frac{p_A - p_T}{\rho} - z_S - \Delta y\right) = \frac{1}{g}\left(\frac{p_A - p_T}{\rho} - z_S\right) - \text{NPSH}_R . \qquad (3,6)$$

Die Halteenergie Δy ist vor allem abhängig von den Beiwerten λ_1 und λ_2, von der
Drehzahl n, dem Volumenstrom $\dot{V}$ und von der Größe des Verhältnisses c_0/w_0 und
damit vom relativen Zuströmwinkel β_{0a} (bei langsamläufigen Radialrädern mit achs-

paralleler Laufschaufel-Saugkante ist $\beta_{0a} = \beta_0$; bei Laufrädern mit schräger Lage der Saugkante bezeichnet β_{0a} den äußeren an der Deckscheibe gelegenen Winkel β_0). Zwecks Erzielung kleiner Werte Δy gibt es für den Winkel β_{0a} einen Optimalwert $(\beta_{0a})_{opt}$, der für $\alpha_0 = 90°$ in [1, S. 101/102] errechnet wurde

$$\tan (\beta_{0a})_{opt} = \sqrt{\frac{1}{2} \frac{1}{1 + \lambda_2/\lambda_1}} \, . \tag{3,7}$$

Der Winkel $(\beta_{0a})_{opt}$ hängt gemäß Gl.(3,7) nur vom Verhältnis λ_2/λ_1 ab. Da bei einer Pumpe mit guter Saugfähigkeit sich λ_2 dem Wert 1 und λ_1 dem Wert 0 nähern, haben Pumpen mit besonders guter Saugfähigkeit besonders kleine Werte β_{0a}.

Wenn wir für Pumpen $\lambda_1 = 0,3$ und $\lambda_2 = 1,2$ (also $\lambda_2/\lambda_1 = 4$) annehmen, ergibt sich für den Zuströmwinkel β_{0a} aus Gl.(3,7) der Optimalwert

$$\tan (\beta_{0a})_{opt} = 0,316, \quad (\beta_{0a})_{opt} = 17,5°, \tag{3,8}$$

während ein Verhältnis $\lambda_2/\lambda_1 = 7$ den Winkel $(\beta_{0a})_{opt} = 14°$ liefert. Wir erkennen also, daß kleine Zuströmwinkel durch die Rücksicht auf Kavitation bedingt sind. Auf Grund experimenteller Versuche wird jedoch mit Rücksicht auf den Wirkungsgrad empfohlen, den Laufschaufeleintrittswinkel β_1 nicht kleiner als $15°$ und bei kleinen Pumpen einen etwas größeren Winkel von etwa $18°$ zu wählen.

Zur Kennzeichnung der Güte der Saugfähigkeit einer Strömungsmaschine benutzte man früher die von D. Thoma eingeführte Kavitationszahl

$$\sigma = \frac{\Delta y}{Y} \, . \tag{3,9}$$

Nachteilig ist bei dieser Kavitationszahl, daß Δy von den Verhältnissen an der Saugkante des Laufrades abhängig ist, Y aber über die spez. Schaufelarbeit Y_{Sch} durch die Strömungsverhältnisse an der Druckseite des Laufrades bestimmt wird. Deshalb ist die Kavitationszahl σ abhängig

1. von den Maßnahmen an der Maschine, die für eine gute Saugfähigkeit aufgewendet wurden, und
2. von der Radform, d.h. von der spezifischen Drehzahl (vgl. Gln.(2,50)und(2,51)).

Die Kavitationszahl σ wird im In- und Ausland nur noch gelegentlich benutzt. Zweckmäßiger ist eine Kennzahl, die nur den Erfolg der Maßnahmen des Herstellers zur Erzielung einer guten Saugfähigkeit kennzeichnet. Dies ist die Saugkennzahl S_q

$$S_q = n \, \frac{\sqrt{\dot{v}}}{\Delta y^{3/4}} \, . \tag{3,10}$$

Kreiselpumpen mit normal guter Saugfähigkeit erreichen im Betriebspunkt besten
Wirkungsgrades mindestens Saugkennzahlen von etwa

$$S_q = 0,40 \text{ bis } 0,45. \tag{3,11}$$

Die Saugfähigkeit von Kreiselpumpen kann erhöht werden, indem die Laufschaufeln in
den Einlauf vorgezogen werden. Abb.3.6 zeigt das Laufrad einer einstufigen Pumpe

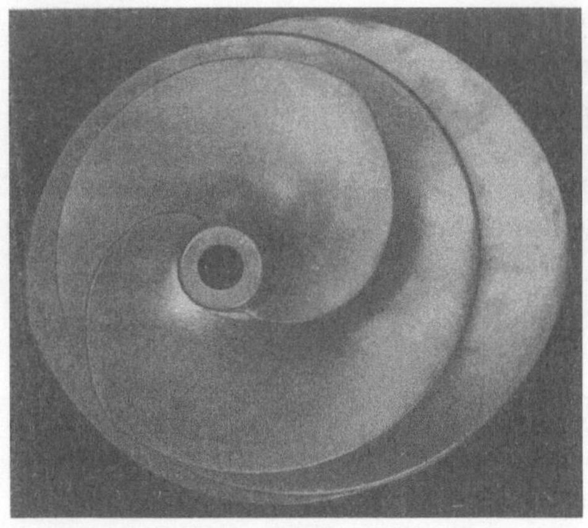

Abb.3.6. Laufrad höchster Saugfähigkeit
(K. Rütschi AG, Brugg/Schweiz).

extrem hoher Saugfähigkeit, mit der eine Saugkennzahl von $S_q = 1,3$ erreicht wurde.
Der Beiwert λ_1 konnte bei dieser Pumpe auf 0,046 heruntergedrückt werde. Die Ex-
tremwerte dieser Pumpe werden von normalen, marktgängigen Kreiselpumpen nicht
erreicht.

Im englischen Sprachgebrauch benutzt man oft statt S_q die "suction specific speed"

$$n_{qS} = n \; \sqrt{\dot{V}}/NPSH_R^{3/4} \tag{3,12}$$

wobei (vgl. S.58) die Haltedruckhöhe $NPSH_R = \Delta y/g$ ist (g = örtl. Fallbeschleunigung). Die englische Bezeichnungsweise hebt hervor, daß der Aufbau dieses Aus-
druckes dem der spezifischen Drehzahl (vgl. Gl.(2,51) S.50) entspricht, wobei nur
die Fall- oder Förderhöhe H durch $NPSH_R$ ersetzt wurde. Sinngemäß das gleiche
gilt natürlich auch für die Saugkennzahl S_q und die dimensionslosen Ausdrücke
für die Radformkennzahl bzw. die spez. Drehzahl (Gln.(2,49) und (2,50)).

Die Saugkennzahl S_q ist dimensionslos, während die "suction specific speed" dimensions-
behaftet ist. Zur Umrechnung gilt:

Für n_{qS} in

$$\frac{\sqrt{m^3/s}}{min \cdot m^{3/4}} \; : \qquad S_q = \frac{n_{qS}}{333}. \tag{3,12a}$$

Für n_{qS} in

$$\frac{\sqrt{\text{US-Gall./min}}}{\text{min} \cdot \text{ft}^{3/4}} : \qquad S_q = \frac{n_{qS}}{17200} . \qquad (3,12\text{b})$$

Aus den Gln. (3,9), (3,10) und (2,50) können folgende Formeln abgeleitet werden, die den praktischen Gebrauch der Saugkennzahl erleichtern:

Es ist die Halteenergie

$$\Delta y = \left(\frac{n \sqrt{\dot{V}}}{S_q} \right)^{4/3} \qquad (3,13)$$

und die Kavitationszahl

$$\sigma = \frac{\left(\frac{n \sqrt{\dot{V}}}{S_q} \right)^{4/3}}{Y} = \left(\frac{n \sqrt{\dot{V}}}{Y^{3/4}} \cdot \frac{1}{S_q} \right)^{4/3} = \left(\frac{n_q}{333} \frac{1}{S_q} \right)^{4/3} . \qquad (3,14)$$

Beispiel. Für eine Pumpe, welche $\dot{V} = 100\,\text{l/s} = 0,1\,\text{m}^3/\text{s}$ bei einer Drehzahl $n = 1500\,\text{U/min} = 25\,\text{U/s}$ fördert, ist die größtmögliche geodätische Saughöhe $(e_S)_{max}$ zu berechnen, wobei die Verluste im Saugrohr mit $Z_S = 10\,\text{m}^2/\text{s}^2$ bereits bestimmt wurden. Die örtliche Fallbeschleunigung betrage $g = 9,81\,\text{m/s}^2$.

Für diese Rechnung muß die Saugfähigkeit (z.B. die Halteenergie Δy oder die Saugkennzahl S_q) der Pumpe bekannt sein. Falls dies nicht der Fall ist, muß die Saugkennzahl geschätzt werden. Unter der Annahme, daß die Pumpe eine für eine Serienausführung gute Saugfähigkeit hat, wird $S_q = 0,45$ geschätzt. Damit ist gemäß Gl. (3,13)

$$\Delta y = \left(\frac{n \sqrt{\dot{V}}}{S_q} \right)^{4/3} = \left(\frac{25 \sqrt{0,1}}{0,45} \right)^{4/3} = 45,6\,\frac{\text{m}^2}{\text{s}^2} \quad \text{und} \quad \text{NPSH}_R = \frac{45,6}{9,81} = 4,65\,\text{m.}$$

α) Saugt die Pumpe aus einem unter Atmosphärendruck (vgl. Zahlentafel S. 56; hier sei der kleinste Barometerstand $p_A = 950\,\text{mbar} = 95\,000\,\text{N/m}^2$) stehenden Behälter kaltes Wasser (maximale Wassertemperatur $t = 20^\circ\text{C}$; Dampfdruck $p_T = 0,0234\,\text{bar} = 2340\,\text{N/m}^2$) an, so ist gemäß Gl. (3,6):

$$(e_S)_{max} = \frac{1}{g} \left(\frac{p_A - p_T}{\rho} - Z_S - \Delta y \right) = \frac{1}{9,81} \left(\frac{92660}{1000} - 10 - 45,6 \right)$$

$$= 3,78\,\text{m.}$$

β) Fördert die Pumpe aus einem unter Atmosphärendruck stehenden Behälter kochendes Wasser oder handelt es sich um die Absaugung des Kondensats aus dem Kondensator einer Dampfturbine, so ist $p_T = p_A$ und somit

$$(e_S)_{max} = \frac{1}{g}(-Z_S - \Delta y) = -\frac{10 + 45,6}{9,81} = -5,67\ m.$$

Die Saughöhe geht im letzteren Fall über in eine mindestens nötige Zulaufhöhe, die
so groß sein muß, daß nach Abzug der Verluste im Saugrohr die Halteenergie Δy im
Saugstutzen der Pumpe (vgl. Gl.(3,5)) vorhanden ist.

Das Rechenbeispiel zeigt, daß die Saugfähigkeit einer Pumpe nur durch $n\sqrt{\dot V}$ und S_q,
nicht aber durch die spez. Stutzenarbeit Y bestimmt wird.

3.3. Kavitationsgefahr bei Wasserturbinen

Wasserturbinen besitzen in der Regel ein Saugrohr, welches die Aufgabe hat, die Absolutgeschwindigkeit des aus dem Laufrad austretenden Wasserstromes zu verzögern,
d.h. die im Saugmund des Laufrades vorhandene Geschwindigkeitsenergie soweit als
möglich in Druck umzusetzen. Diese Druckumsetzung bewirkt eine Druckabsenkung
hinter dem Laufrad und damit eine Vergrößerung der an der Beschaufelung wirksamen
Druckdifferenz. Das Saugrohr ist ein Diffusor, d.h. ein Strömungskanal mit sich ver-
größerndem Strömungsquerschnitt (Abb.3.7 und 3.8).

Von der Auslaßenergie $c_0^2/2$, die im Saugmund des Laufrades als Geschwindigkeitsenergie vorhanden ist, wird nur das k_g-fache in Druckenergie umgesetzt und somit
zurückgewonnen. Man errechnet diesen Anteil aus

$$k_g\,\frac{c_0^2}{2} = k_m\,\frac{c_{0m}^2}{2} + k_u\,\frac{c_{0u}^2}{2}, \qquad\qquad (3,15)$$

wobei $k_m = 0,7$ bis $0,9$ und $k_u = 0$ bis $0,1$ gesetzt werden kann. Man erkennt, daß
der Rückgewinn bei der Verzögerung der Meridiankomponente c_{0m} gut und bei der
Umfangskomponente c_{0u} schlecht ist.

Die Güte des Rückgewinns beeinflußt wesentlich den Gesamtwirkungsgrad der Wasserturbine. Deshalb ist das Saugrohr stets ein vom Turbinenlieferanten mitzuliefernder
Bestandteil der Turbinenanlage. Somit gehören auch (im Gegensatz zur Pumpe) die
Verluste im Saugrohr zu den Turbinenverlusten. Je größer die Verluste im Saugrohr
sind (d.h. je kleiner der Faktor k_g in Gl.(3,15) ist), desto höher wird der Druck
am Ende des Laufschaufelkanals und desto geringer wird die Kavitationsgefahr.

Der Saugstutzen, d.h. das saugseitige Ende der Turbinenanlage, in dem die Halteenergie Δy vorhanden sein muß, liegt also am Saugrohrende. Hierbei ist zu beachten, daß
Δy bei der Turbine ebenso wie bei der Pumpe Höhenunterschiede nicht berücksich-

tigt. Die Halteenergie Δy entspricht somit bei der Turbine dem Druckrückgewinn aus der Geschwindigkeitsenergie zwischen dem Punkt kleinsten statischen Druckes im Laufschaufelkanal und dem Austrittsquerschnitt des Saugrohres im Unterwasser. Zur Berechnung von Δy gilt auch hier Gl.(3,4). Das erste Glied $(\lambda_1 w_0^2/2)$ dieser Gleichung ergibt sich aus der Drucksteigerung am Laufschaufelkanalaustritt, die durch die Verzögerung der Übergeschwindigkeiten im Laufschaufelkanal auf die Austrittsgeschwindigkeit verursacht wird. Diese Drucksteigerung liegt in der gleichen Größenordnung wie die Druckabsenkung bei einer vergleichbaren Pumpe zur Erzeugung dieser Übergeschwindigkeiten. Bei Wasserturbinen kann mit $\lambda_1 \approx 0,25$ gerechnet werden. Der Beiwert λ_2 aus Gl.(3,4) entspricht etwa dem Beiwert k_g in Gl.(3,15). Bei einer

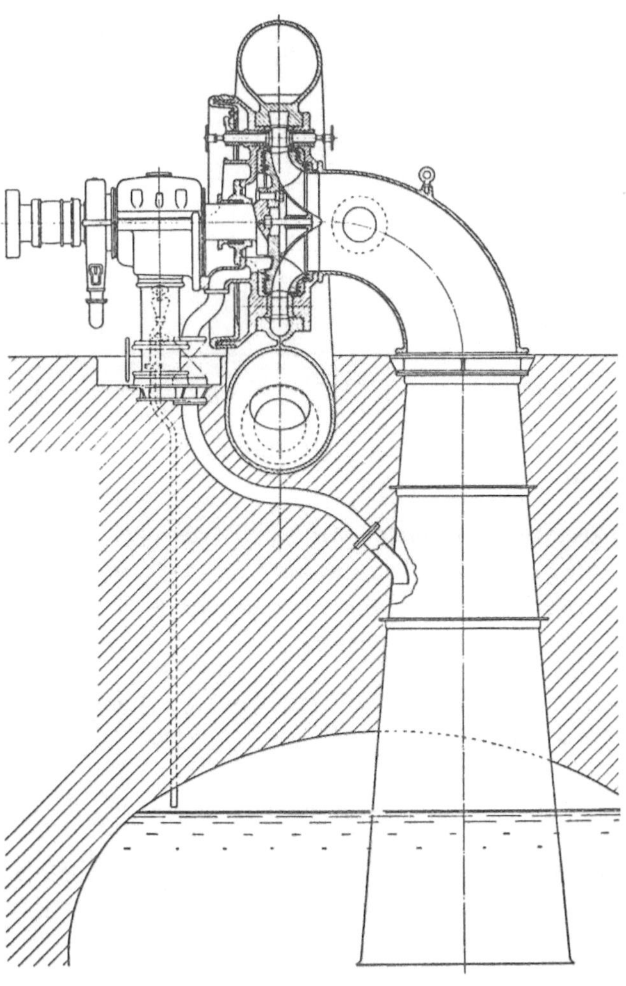

Abb.3.7. Langsamläufige Francis-Turbine mit Saugrohr (Escher-Wyss).

idealen Turbine (mit gleichmäßiger Geschwindigkeit c_0 am Laufradaustrittsquerschnitt und mit vollständigem Rückgewinn) wäre $\lambda_2 = k_g = 1$. Wegen der Saugrohrverluste ist

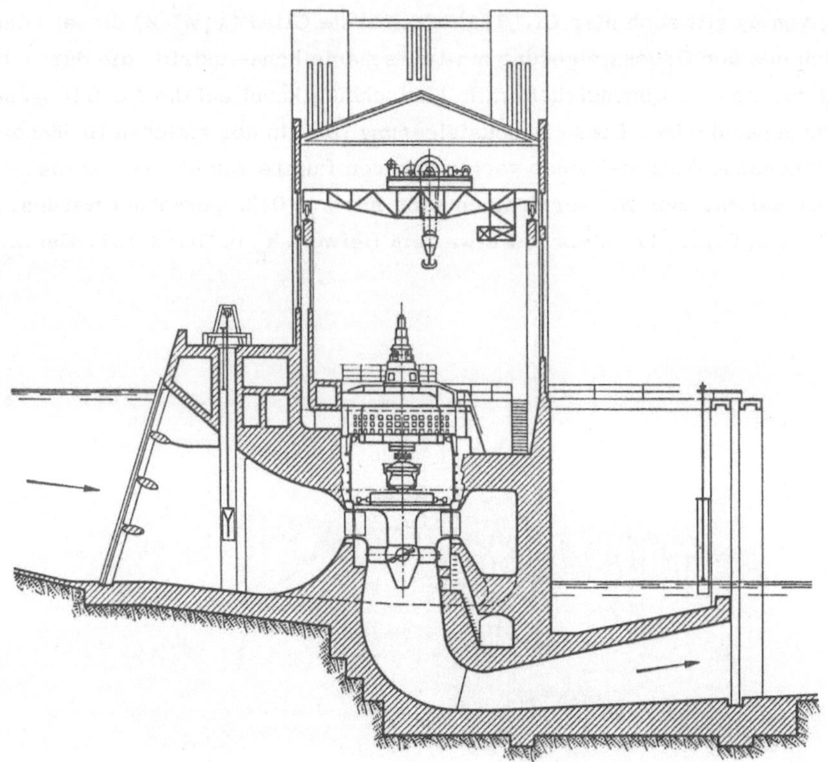

Abb. 3.8. Wasserkraftwerk mit einer KAPLAN-Turbine $H = 8$ bis $13\,\mathrm{m}$; $\dot{V} = 24$ bis $30\,\mathrm{m^3/s}$; $n = 125\,\mathrm{U/min}$.

k_g und auch λ_2 stets kleiner als 1. Meist wird $\lambda_2 \approx 0{,}7$ gesetzt. Wegen des bei einer Turbine kleineren Wertes λ_2 hat eine Turbine auch einen kleineren Wert Δy als eine ähnliche Pumpe. Die Ursache hierfür ist die Umkehrung der Strömungsrichtung und damit der Auswirkung des Reibungseinflusses.

Die Gln. (3,5), (3,7), (3,9), (3,10) und (3,12) bis (3,14) gelten unverändert auch für Turbinen. Gl. (3,7) ergibt mit $\lambda_1 = 0{,}25$ und $\lambda_2 = 0{,}70$

$$(\beta_{0a})_{opt} \approx 20°. \tag{3,16}$$

Bei Berechnung der maximal möglichen geodätischen Saughöhe einer Wasserturbine ist zu beachten, daß der Saugrohrverlust Z_S bereits in Δy enthalten ist. Gl. (3,6) geht somit über in

$$(e_S)_{max} = \frac{1}{g}\left(\frac{p_A - p_T}{\rho} - \Delta y\right). \tag{3,17}$$

Die geodätische Saughöhe e_S müßte bei exakter Betrachtung zwischen dem Punkt kleinsten statischen Druckes im Laufschaufelkanal und dem Saugwasserspiegel gemessen werden. Da meist die Lage des Punktes kleinsten statischen Druckes unbekannt ist, wird e_S bis zum höchsten Punkt an der Saugkante der Laufschaufel gemessen (vgl. Abb. 3.5a und b, S. 57).

Die zur Kennzeichnung der Güte der Saugfähigkeit für Pumpen angegebenen Gln. (3,9) und (3,10) gelten unverändert auch für Turbinen. Die Zahlenwerte für diese Kennzahlen sind jedoch wegen des kleinen Wertes für Δy auch günstiger. Für Wassertubinen ergibt sich so die Saugkennzahl

$$S_q \approx 0,6 \text{ bis } 0,9. \qquad (3,18)$$

3.4. Überschallgefahr bei Verdichtern

In Abschn. 1.3 ist bereits näher erklärt worden, daß bei einer Pumpe in der Regel Geschwindigkeitsenergie in Druckenergie umgesetzt wird und somit in den Schaufelkanälen von Lauf- und Leitrad bei der Pumpe in der Regel eine verzögerte Strömung vorliegt. Ist nun die im Laufschaufelkanal zu verzögernde Relativgeschwindigkeit bzw. die Absolutgeschwindigkeit im Leitschaufelkanal eine Überschallgeschwindigkeit, so treten bei der Verzögerung Verdichtungsstöße auf, die eine erhebliche Wirkungsgradverminderung zur Folge haben. Zwecks Erzielung guter Wirkungsgrade müssen deshalb die Relativ- bzw. Absolutgeschwindigkeiten in den Lauf- bzw. Leitschaufelkanälen bei Pumpen möglichst unter der Schallgeschwindigkeit bleiben. Bei Pumpen für Wasser oder andere tropfbare Flüssigkeiten macht die Erfüllung dieser Forderung keinerlei Schwierigkeiten, da dort die Strömungsgeschwindigkeiten stets viel kleiner als die Schallgeschwindigkeiten sind. Bei Pumpen für kompressible Medien, d.h. also bei Verdichtern, liegen die Strömungsgeschwindigkeiten und die Schallgeschwindigkeiten in der gleichen Größenordnung, so daß dort also die Vermeidung von Überschallgeschwindigkeiten sorgsam zu beachten ist. Hierüber soll in diesem Abschnitt gesprochen werden.

Bei Dampf- und Gasturbinen bringen Überschallgeschwindigkeiten keinen nennenswerten Wirkungsgradabfall, weil bei Turbinen in den Schaufelkanälen beschleunigte Strömungen vorliegen.

Die Schallgeschwindigkeit ist

$$a = \sqrt{\varkappa p v} = \sqrt{\varkappa R T}, \qquad (3,19)$$

worin $\varkappa$ das Verhältnis der spezifischen Wärmekapazitäten c_p/c_v, p der örtliche statische Druck, v das (auf die Masse bezogene) örtliche spezifische Volumen, R

die Gaskonstante und T die örtliche absolute Temperatur in K sind. Für trockene
Luft mit R = 0,287 kJ/kg K und $\varkappa$ = 1,4 ergibt sich a in m/s zu

$$a = 20,04 \sqrt{T} \qquad\qquad (3,19a)$$

und für mittelfeuchte Luft

$$a = 20,2 \sqrt{T}. \qquad\qquad (3,19b)$$

Im Saugmund eines Verdichters ist die Temperatur und damit die Schallgeschwindigkeit klein. Da außerdem beim Einlauf in die Laufschaufelkanäle hohe Relativgeschwindigkeiten auftreten, die dann später im Laufschaufelkanal verzögert werden, sind bei
einem Verdichter die Stellen der Überschallgefahr vergleichbar mit den Stellen der
Kavitationsgefahr bei einer Pumpe für Flüssigkeitsförderung.

In Abschn. 3.2 haben wir erkannt, daß bei einer Pumpe die Kavitationsgefahr groß ist,
wenn beim Einlauf in den Laufschaufelkanal bei kleinem statischen Druck hohe Relativgeschwindigkeiten auftreten. Nun können wir feststellen, daß bei einem Verdichter die Überschallgefahr groß ist, wenn beim Einlauf in die Laufschaufelkanäle bei
kleiner Gastemperatur große Relativgeschwindigkeiten vorliegen. In den Laufschaufelkanälen steigt bei einem Verdichter die Temperatur (bei einer Pumpe der statische
Druck) und die Relativgeschwindigkeiten werden verzögert. Aus diesen beiden Gründen wird im weiteren Verlauf der Laufschaufelkanäle die Überschallgefahr (die Kavitationsgefahr) kleiner. Die rechnerische und auch konstruktive Behandlung der Überschallgefahr bei Verdichtern ist in vielen Einzelheiten mit der Behandlung der Kavitationsgefahr bei Pumpen vergleichbar. Auf diese Dinge soll hier jedoch nicht näher
eingegangen werden.

Man kann auch hier den optimalen Zuströmwinkel β_{0a} berechnen. Man erhält bei Verdichtern mit α_0 = 90° eine minimale Überschallgefahr bei

$$\left(\beta_{0a}\right)_{opt} \approx 32°. \qquad\qquad (3,20)$$

Wir sehen, daß mit Rücksicht auf die Überschallgefahr der Winkel β_{0a} bei Verdichtern etwa doppelt so groß zu wählen ist als mit Rücksicht auf die Kavitationsgefahr
bei Pumpen.

3.5. Laufradabmessungen auf der Saugseite

In den Abschn. 3.2, 3.3 und 3.4 wurden die optimalen Strömungswinkel $\left(\beta_{0a}\right)_{opt}$ angegeben, die optimale Verhältnisse hinsichtlich der Kavitationsgefahr bzw. der Überschallgefahr erwarten lassen. In der Regel muß man diese Gefahren beachten und wird
danach trachten, bei der Konstruktion des Laufrades diese Winkel $\left(\beta_{0a}\right)_{opt}$ zu verwirklichen.

Bei Maschinen, bei denen auf die Kavitationsgefahr keine Rücksicht genommen zu werden braucht, verwirklicht man nicht $(\beta_{0a})_{opt}$ sondern häufig Strömungswinkel $\beta_{0a} \approx$ $\approx 32^{\circ}$ bis 35°. Es ergibt sich so gegenüber dem Winkel $(\beta_{0a})_{opt}$ ein kleinerer Saugmunddurchmesser D_S und damit kleinere Spaltverluste, kleinere Schaufelverluste und insbesondere bei Axialmaschinen kleinere Maschinenabmessungen.

Nachdem gemäß diesen Betrachtungen der Winkel β_{0a} ausgewählt wurde, wird nun der Durchmesser des Saugmundes D_S mit Hilfe der Kontinuitätsgleichung errechnet (vgl. Abb.3.9):

$$\dot{V} = f_0\, c_{0m} = \underbrace{\frac{\pi D_S^2}{4} k_n}_{f_0}\ \underbrace{\delta_r\, \pi\, D_S\, n \tan \beta_{0a}}_{c_{0m}} \overset{u_{1a}}{} \tag{3,21}$$

mit $k_n = 1 - d_n^2/D_S^2$ (Querschnittszahl zur Berücksichtigung der Querschnittsverengung durch die Nabe),

und $\delta_r = 1 - c_{oua}/u_{1a}$ (Drallzahl).

Daraus

$$D_S = \sqrt[3]{\frac{4\dot{V}}{\pi^2 k_n\, \delta_r\, n \tan \beta_{0a}}}\,. \tag{3,22}$$

Durch die Berechnung des Saugmunddurchmessers D_S ist auch die Meridiangeschwindigkeitskomponente c_{0m} im Saugmund festgelegt.

Als Hinweis für den oben angeführten Berechnungsgang wäre hinzuzufügen, daß im Normalfall mit $\alpha_0 = 90^{\circ}$ die Drallzahl $\delta_r = 1$ wird. Bei normalen Kreiselpumpen ist häufig die Querschnittszahl $k_n \approx 0,8$. Wenn man außerdem bedenkt, daß der Winkel

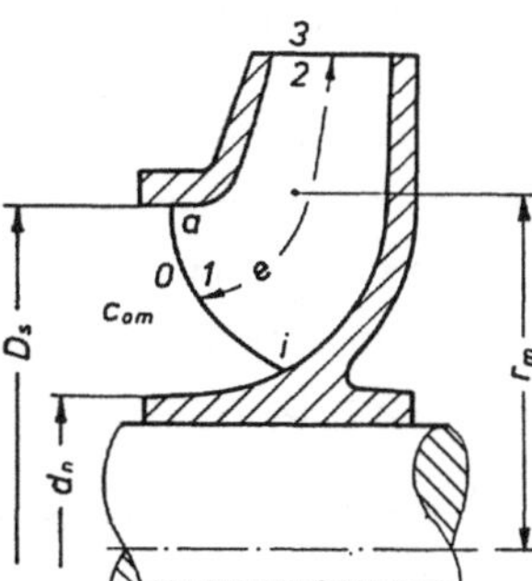

Abb.3.9. Laufrad mit Maßangaben
für den Saugmund und zur Berechnung
der Schaufelzahl (Abschn.4.1).

β_{0a} in engen Grenzen vorgegeben ist, hängt gemäß Gl.(3,22) der Durchmesser D_S nur von dem Volumenstrom $\dot{V}$ und der Drehzahl n ab.

Es ist auch möglich, bei der Rechnung von c_{0m} bzw. von der Absolutgeschwindigkeit c_0 im Saugmund des Laufrades auszugehen. Man benutzt dann meist dimensionslose Zahlen, und zwar bei der Pumpe die Einlaufzahl[1]

$$\varepsilon = c_{0m} / \sqrt{2Y} = c_{0m}/c_y, \tag{3,23}$$

bei der Turbine den Auslaßwert

$$\varepsilon^2 = c_{0m}^2 / 2Y = c_{0m}^2/c_y^2. \tag{3,24}$$

Ein Nachteil dieser Kennzahlen ist, daß c_{0m} durch die saugseitigen Radabmessungen und Y vor allem durch die druckseitigen Radabmessungen bestimmt werden. Ebenso wie bei der in Abschn. 3.2 behandelten Kavitationszahl σ werden hier also zwei Größen ins Verhältnis gesetzt, die an sich nichts miteinander zu tun haben und nur über die Radform, d.h. über die spez. Drehzahl n_q miteinander in Verbindung gebracht werden können. Die Einlaufzahl ε und der Auslaßwert ε^2 werden in der Literatur und in der Praxis gelegentlich benutzt, weshalb hier auf diese Kennzahlen eingegangen wird.

Nach kurzer Ableitung (vgl. [1, S. 126/127]) erhält man aus Gln. (3,23) bzw. (3,24)

$$\varepsilon = 0,0341 \left(\frac{\delta_r n_q}{\sqrt{k_n}} \tan \beta_{0a} \right)^{2/3} \tag{3,25}$$

bzw.

$$\varepsilon^2 = 1,16 \cdot 10^{-3} \left(\frac{\delta_r n_q}{\sqrt{k_n}} \tan \beta_{0a} \right)^{4/3}. \tag{3,26}$$

Aus Gln. (3,25) und (3,26) erkennt man die oben gemachte Feststellung, daß ε bzw. ε^2 auch von der Radform, d.h. von der spez. Drehzahl n_q abhängen.

Man kann den Saugmunddurchmesser D_s bestimmen, indem man nach Wahl des Winkels β_{0a} mittels Gln. (3,25) bzw. (3,26) ε bzw. ε^2 berechnet, um daraus mittels Gln. (3,23) bzw. (3,24) c_{0m} auszurechnen. Aus c_{0m} und dem Volumenstrom $\dot{V}$ ergibt sich aus der Kontinuitätsgleichung (3,21) nach Abschätzung der Querschnittszahl k_n der Saugdurchmesser D_s.

Der Auslaßwert ε^2 stellt gemäß Gl. (3,24) das Verhältnis der Geschwindigkeitsenergie von c_{0m} zur spez. Stutzenarbeit Y dar. Bei $\alpha_0 = 90°$ ist c_{0m} gleich der abso-

---

[1] $c_y = \sqrt{2Y}$ vgl. Abschn. 2.4, Gl. (2,28).

luten Ausströmgeschwindigkeit c_0 aus den Laufschaufelkanälen. Aus Gl.(3,26) kann man errechnen, daß bei schnelläufigen Kaplanturbinen ε^2 Werte von etwa 0,5 erreichen kann. Dann ist also die Energie der Ausströmgeschwindigkeit halb so groß wie die spez. Stutzenarbeit. Man erkennt daraus die Notwendigkeit eines Saugrohres (vgl. hierzu Abschn.3.3; Gl.(3,15)).

4. Entwurf des Laufrades

4.1. Laufschaufelzahl

Die Festlegung der Schaufelzahl ist eine Erfahrungssache. Eine zu geringe Schaufelzahl bringt den Nachteil einer schlechten Führung der Strömung und hoher Schaufel-
drücke, wodurch u.a. die Kavitationsgefahr bzw. die Überschallgefahr vergrößert
wird. Bei zu großer Schaufelzahl werden die Reibungsflächen und damit die Reibungsverluste in den Laufschaufelkanälen unnötig hoch, der Strömungsquerschnitt im Laufrad wird durch die Schaufeln unnötig stark vermindert und der Herstellungsaufwand
ist unnötig hoch.

Die Laufschaufelzahl z kann aufgrund der in experimentellen Forschungsarbeiten ge-
wonnenen Erfahrung bei radialen und halbaxialen Laufrädern bestimmt werden aus

$$z = 2 k_z \, \frac{r_m}{e} \, \sin \frac{\beta_1 + \beta_2}{2} \, . \tag{4,1}$$

Darin bedeuten: k_z eine Erfahrungszahl, die von der durch die Herstellung bedingten Schaufelstärke abhängig ist; man wählt k_z = 5 bis 6,5 bei
gegossenen Schaufeln und k_z = 6,5 bis 8 bei Blechschaufeln;

e die Länge der mittleren Flußlinie im Meridianschnitt (vgl. Abb.
3.9);

r_m den Radius des Schwerpunktes dieser Flußlinie und

β_1 und β_2 die Laufschaufelwinkel.

Bei Radialrädern mit reiner radialer Erstreckung der Laufschaufeln sind $e = r_2 - r_1$
und $r_m = \dfrac{r_2 + r_1}{2}$ und damit

$$z = k_z \, \frac{r_2 + r_1}{r_2 - r_1} \, \sin \frac{\beta_1 + \beta_2}{2} = k_z \, \frac{D_2 + D_1}{D_2 - D_1} \, \sin \frac{\beta_1 + \beta_2}{2} \, . \tag{4,2}$$

Hierbei bezeichnen r die Radien und D die Durchmesser an den durch die Fußzeichen
1 und 2 gekennzeichneten Stellen des Laufrades.

4.2. Allgemeiner Gang der Berechnung eines Laufrades

Mit den für die Maschine vorgegebenen Daten: Volumenstrom $\dot V$ in m^3/s, spez. Stutzenarbeit Y in m^2/s^2 = Nm/kg = J/kg und Drehzahl n je Sekunde berechnen wir zunächst die spez. Drehzahl n_q = 333 n $\sqrt{\dot V}/Y^{3/4}$. Falls sich die gewünschten Maschinendaten mit einer einstufigen Maschine verwirklichen lassen , gibt uns die so berechnete spez. Drehzahl gemäß Abschn.2.6 unmittelbar einen Hinweis auf die zu erwartende Radform des Laufrades. Ist die errechnete spez. Drehzahl $n_q < 10$, so ist eine mehrstufige Maschine vorzusehen. Die spez. Stutzenarbeit der gesamten Maschine Y ist dann so auf die spez. Stufenarbeiten ΔY aufzuteilen, daß sich für jede einzelne Stufe n_q = 333 n $\sqrt{\dot V}/\Delta Y^{3/4} > 10$ ergibt. Bei Turbinen kann anstelle der Mehrstufigkeit auch partielle Beaufschlagung vorgesehen werden.

Nach Abschätzung der Saugkennzahl S_q (vgl. Gln.(3,11) bzw. (3,18)) kann man mittels Gl.(3,13) die Haltenergie Δy ausrechnen und damit die Sicherheit gegen Kavitationsgefahr nachprüfen. Falls Kavitationsgefahr vorliegen sollte, kann entweder auf eine kleinere Drehzahl übergegangen werden oder es kann der Volumenstrom $\dot V$ unterteilt (z.B. durch eine zweiflutige Maschine halbiert) werden.

Wir nehmen an, daß n_q = 10 bis 30 errechnet wurde, und daß somit eine einstufige Maschine mit einem langsamläufigen, radialen Laufrad (Radform I in Abb.2.23) ausgeführt werden kann. Zwecks Vereinfachung der Konstruktion nehmen wir an, daß nicht nur die äußere Schaufelkante sondern auch die innere Schaufelkante parallel zur Achse liegt (Abb.4.1).

Durch das Laufrad einer Pumpe fließt die Summe aus Nutzförderstrom $\dot V$ und Spaltstrom $\dot V_{sp}$ (vgl. Abschn.1.5), die wir mit $\dot V'$ bezeichnen. Je nach der Höhe des zu erwartenden Spaltstromes schätzen wir $\dot V'$ um etwa 1 bis 5 % größer als $\dot V$ (vgl. hierzu Abb.2.25). Bei Pumpen ist also $\dot V' = \dot V + \dot V_{sp} \approx (1{,}01 \cdots 1{,}05)\,\dot V$.

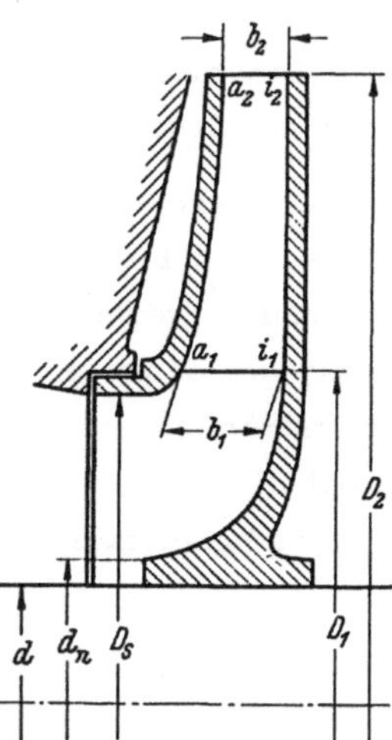

Abb.4.1. Langsamläufiges Radialrad.

Bei Turbinen fließt durch das Laufrad die Differenz $\dot{V} - \dot{V}_{sp}$. Da insbesondere bei Wasserturbinen der prozentuale Anteil des Spaltverlustes sehr klein ist, setzt man bei Turbinenlaufrädern meist $\dot{V}' \approx \dot{V}$.

Zunächst berechnen wir die saugseitigen Abmessungen des Laufrades. Wir gehen hierbei vom Wellendurchmesser d aus, den wir unter Beachtung des von der Welle zu übertragenden Drehmoments nach den Regeln der Mechanik festlegen. Der Nabendurchmesser d_n ergibt sich aus dem Wellendurchmesser d, wenn man die Art der Befestigung des Laufrades auf der Welle kennt. Nun berechnen wir den Durchmesser des Saugmundes aus Gl.(3,22):

$$D_s = \sqrt[3]{\frac{4\dot{V}'}{\pi^2 k_n \delta_r n \tan\beta_0}} , \qquad (4,3)$$

wobei für die Wahl des Strömungswinkels β_0, der Drallzahl δ_r und der Querschnittszahl k_n das in Abschn.3.5 gesagte zu beachten ist. Der dort mit β_{0a} bezeichnete Winkel kann hier wegen der achsparallelen Lage der Druckkante mit β_0 bezeichnet werden.

Aus der Kontinuitätsgleichung

$$\dot{V}' = \frac{\pi}{4}(D_s^2 - d_n^2)\, c_s \qquad (4,4)$$

kann die Geschwindigkeit $c_s = c_{0m}$ berechnet werden.

Wir wählen den Durchmesser $D_1 \approx 1,1 D_s$ und erhalten aus der auf D_1 bezogenen Kontinuitätsgleichung die Radbreite (vgl. Abb.4.1)

$$b_1 = \frac{\dot{V}'}{\pi D_1 c_{0m}} . \qquad (4,5)$$

Zum Aufzeichnen des Geschwindigkeitsdreiecks für die Stelle 1 (Abb.2.5) benutzen wir folgende uns bekannte Größen:

1. Die Umfangsgeschwindigkeit $u_1 = \pi D_1 n$ $\qquad (4,6)$
2. Den Strömungswinkel α_1. Bei einer Pumpe ist dieser Winkel durch die Zuströmbedingungen zum Laufrad gegeben. Bei einer einstufigen Pumpe ohne Eintrittsleitrad ist $\alpha_0 = 90°$ und damit $\alpha_1 = 90°$. Bei einer Turbine ist dies der Abströmwinkel der Absolutströmung aus dem Laufrad. Bei Turbinen wählt man meist auch $\alpha_0 = 90°$ und somit $\alpha_1 = 90°$.
3. Die Merdiangeschwindigkeitskomponente aus Gl.(2,8)

$$c_1 \sin\alpha_1 = c_{1m} = c_{0m}\frac{t_1}{t_1 - \sigma_1} . \qquad (4,7)$$

Hierbei ist der die Querschnittsverengung durch die Schaufeln erfassende Faktor $t_1/(t_1 - \sigma_1) \approx 1,15$ bis $1,2$ zu schätzen, was später nachzuprüfen ist (vgl. hierzu Abschn.2.2).

Aus dem so aufgezeichneten Geschwindigkeitsdreieck (Abb.2.5) ist der Laufschaufelwinkel β_1 zu entnehmen. Man kann den Winkel β_1 aber auch berechnen aus

$$\tan \beta_1 = \frac{c_1 \sin \alpha_1}{u_1 - c_1 \cos \alpha_1} = \frac{c_{0m}}{u_1 - c_0 \cos \alpha_0} \frac{t_1}{t_1 - \sigma_1}. \qquad (4,8)$$

Es soll sein $\beta_1 \approx 15^\circ$ bis 40°, wobei der untere Bereich für Maschinen gilt, die mit einem tropfbaren Fluid (z.B. Wasser) arbeiten, während der obere Bereich für Maschinen für ein gasförmiges Fluid (z.B. Luft) gilt. Zur Beurteilung der Größe des so gefundenen Winkels β_1 sind die zu Beginn des Abschn.3.5 über die Wahl des Winkels β_{0a} gemachten Angaben zu beachten. Bei einem langsamläufigen Laufrad mit achsparalleler Saugkante (vgl. Abb.4.1) ist $\beta_{0a} = \beta_0$. Außerdem ist

$$\tan \beta_1 = \frac{t_1}{t_1 - \sigma_1} \tan \beta_0. \qquad (4,9)$$

Durch die Gln.(4,3) bis (4,9) sind die wichtigsten saugseitigen Abmessungen des Laufrades festgelegt. Unter Beachtung der Hauptgleichung (Gl.(2,6)) berechnen wir nun die druckseitigen Abmessungen des Laufrades. Hierzu können wir beispielsweise so vorgehen, daß wir den Schaufelwinkel β_2 aufgrund von Erfahrungen und entsprechend der zu erwartenden Radform wählen, um daraus mittels der Hauptgleichung die Umfangsgeschwindigkeit u_2 zu berechnen:

Wir wählen

bei Francis-Turbinen $\quad \beta_2 \leqslant 90^\circ$,
bei Flüssigkeitspumpen $\quad \beta_2 = 20^\circ$ bis 40°,
bei Verdichtern $\quad \beta_2 = 50^\circ$ bis 70°, in Sonderfällen bis 90°.

Die Hauptgleichung benutzen wir zweckmäßig in der Form der Gl.(2,45)

$$u_2 = \frac{c_{2m}}{2 \tan \beta_2} + \sqrt{\left(\frac{c_{2m}}{2 \tan \beta_2}\right)^2 + Y_{Sch\,\infty} + u_1 c_{0u}}. \qquad (4,10)$$

Bei $\alpha_0 = 90^\circ$ ist $c_{0u} = 0$ und damit das letzte Glied unter Wurzel in Gl.(4,10) gleich Null. Meist setzt man die Meridiangeschwindigkeitskomponente $c_{2m} \approx c_s$ (vgl. Gl. (4,4)). Zur Berechnung der Umfangsgeschwindigkeit u_2 brauchen wir noch die Schaufelarbeit bei unendlicher Schaufelzahl $Y_{Sch\,\infty}$. Gemäß Gln.(2,10) und (1,24) kann bei Turbinen $Y_{Sch\,\infty} \approx Y_{Sch} = Y \eta_n$ gesetzt werden. Bei einer Pumpe ist deren Minderleistung zu beachten; wir setzen gemäß Gln. (2, 12) und (1, 24) bei Pumpen $Y_{Sch \infty} = Y_{Sch} (1 + p) = Y(1 + p)/\eta_h$. Der Schaufelwirkungsgrad η_h ist gemäß den am Ende des Abschn. 1.5 und den in Abb. 2.25 gemachten Angaben zu schätzen; beispielsweise $\eta_h = 0,9$. Bei einer primitiven Ausführung des Laufrades ist η_h entsprechend kleiner anzunehmen. Der Minderleistungsbeiwert p ergibt sich aus Gl. (2, 17) in Verbindung mit Gln. (2, 15) bis (2, 15b). Zur Berechnung des Minderleistungsbeiwertes p benötigen wir die Laufschaufelzahl z, die wir zunächst schätzen und die wir später, nach Festlegung der Umfangsgeschwindigkeit u_2 und damit des Durchmessers $D_2 = u_2/\pi n$ mittels Gl. (4, 2) berechnen.

Nun berechnen wir die Radbreite

$$b_2 = \frac{\dot{V}'}{\pi D_2 c_{2m}} \frac{t_2}{t_2 - \sigma_2} . \qquad (4, 11)$$

An der Druckkante eines Radialrades ist die Querschnittsverengung durch die Schaufeln gering, und es kann meist $t_2/(t_2 - \sigma_2) = 1$ gesetzt werden.

Den Meridianschnitt (Axialschnitt) können wir nun entsprechend Abb. 4.1 aufzeichnen. Hierbei wählen wir den Verlauf der Seitenwände so, daß einerseits auf die spätere Herstellung des Laufrades Rücksicht genommen wird (bei einem aus Blechen zusammengeschweißten Laufrad wählen wir einen geradlinigen Verlauf der Seitenwände) und daß andererseits kleine Krümmungsradien möglichst vermieden werden. Zur Aufzeichnung des Laufrades im Grundriß wählen wir beispielsweise einen Kreisbogen als Schaufelverlauf (vgl. hierzu die Abb. 1.7b und 2.21), wobei natürlich die berechneten bzw. die bei der Berechnung gewählten Schaufelwinkel β_1 und β_2 genau einzuhalten sind.

Der vorstehend beschriebene Rechnungsgang gilt auch für einfach gekrümmte, also radial kurze Axialschaufeln. Hierbei können wir auch den Schaufelwinkel β_2 wählen, um daraus mit Hilfe der Hauptgleichung die Umfangsgeschwindigkeit u_2 auszurechnen. Bei Maschinen, bei denen die Umfangsgeschwindigkeit infolge der Fliehkraftbeanspruchung des Laufrades begrenzt ist, wählt man häufig auch die Umfangsgeschwindigkeit u_2 und rechnet daraus mit Hilfe der Hauptgleichung den Schaufelwinkel β_2 aus. In diesen Fällen benutzt man für die erste Abschätzung der Umfangsgeschwindigkeit u_2 die Druckzahl, Gl. (2, 28) in Verbindung mit Gln. (2, 34) bis (2, 38).

5. Leitvorrichtungen

Die meisten Strömungsmaschinen haben auf der Druckseite des Laufrades ruhende Strömungskanäle, die Leitvorrichtung, in denen die Absolutgeschwindigkeit bei Pumpen verzögert bzw. bei Turbinen beschleunigt wird und die das zwischen Laufrad und Fluid übertragene Drehmoment ganz oder teilweise gegen die ruhende Umgebung abstützen. Diese Leitvorrichtung kann aus einem ruhenden Schaufelgitter, dem beschaufelten Leitrad, oder einem Spiralgehäuse bestehen. Bei radialen Pumpen kann die Verzögerung der Absolutgeschwindigkeit der Strömung auch in einem schaufellosen Ringraum erfolgen.

5.1. Das beschaufelte Leitrad

Ein Schaufelgitter, d.h. ein beschaufeltes Leitrad ist die am häufigsten benutzte Form der Leitvorrichtung. Solche beschaufelten Leiträder sind beispielsweise in den Abb. 1.6 und 1.7 und in Abb. 5.1a und b eingezeichnet. Die Berechnung der Schaufelform

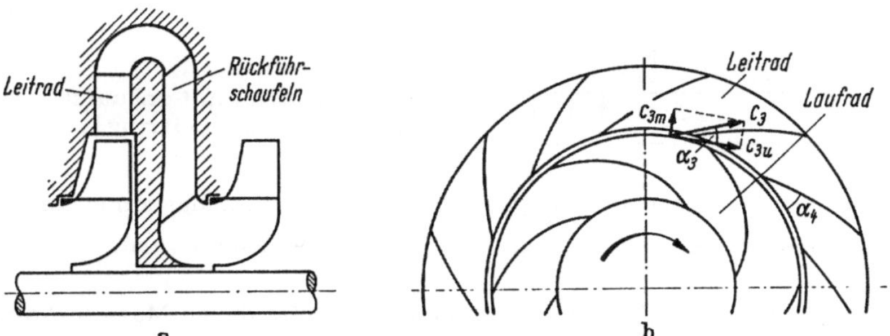

Abb. 5.1a. b. a) Meridianschnitt eines beschaufelten Leitrades mit Rückführschaufeln zwischen 2 radialen Laufrädern einer Pumpe; b) Grundriß des in Abb. 5.1a dargestellten Lauf- und Leitrades.

und der Schaufelwinkel eines solchen beschaufelten Leitrades erfolgt sinngemäß in gleicher Weise wie beim Laufrad. Die bei der Berechnung von Pumpenlaufrädern so wichtige Minderleistung (vgl. Abschn. 2.2 und 2.3) kann bei der Berechnung von Leitschaufelgittern meist vernachlässigt werden. Man setzt also häufig den Schaufelwinkel gleich dem gewünschten Strömungswinkel. Eine Ausnahme bilden hier vor allem die beschaufelten Leiträder bei radialen Pumpen. Dort führt man den Anfangswinkel α_4 der Leitschaufeln erheblich größer als den Strömungswinkel α_3 aus [1, S. 321/323].

In Abb. 5.1a sind als Fortführung des beschaufelten Leitrades Rückführschaufeln eingezeichnet, die bei mehrstufigen Pumpen in dem als Rotationshohlraum ausgebildeten Strömungskanal eingebaut sind, der das Fluid vom äußeren Umfang der Leitschaufeln zum Saugmund des Laufrades der nächsten Stufe führt.

5.2. Schaufelloser Ringraum

Bei radialen bzw. halbaxialen Pumpen und Verdichtern ist es manchmal zweckmäßig, anstelle des beschaufelten Leitrades (Abb. 5.1) einen schaufellosen Ringraum zu verwenden, der meistens durch parallele Wände (d.h. b = const) begrenzt ist (Abb. 5.2). Die Wirkungsweise eines solchen schaufellosen Ringraumes kann folgendermaßen erklärt werden:

Bei Reibungslosigkeit gilt im schaufellosen Ringraum der Drallsatz (vgl. Gl.(1,5)) $r\,c_u$ = const. Es ist somit $r_2\,c_{3u} = r_4\,c_{4u}$. Da $r_2 < r_4$, ist somit $c_{4u} < c_{3u}$. Der we

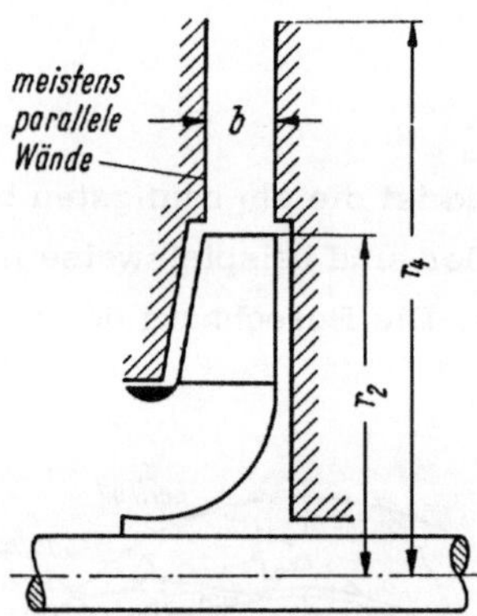

Abb. 5.2 Laufrad mit schaufellosem Ringraum (Leitring).

sentliche Anteil der Absolutgeschwindigkeit c_3 ist deren Umfangskomponente c_{3u} (vgl. Abb. 5.1), die so verzögert und damit in Druck umgesetzt wird.

Die andere Komponente der Absolutgeschwindigkeit c_3 ist deren Meridiankomponente c_{3m}, die gemäß der Kontinuitätsgleichung (Gln.(1,1) und (1,2)) bei konstanter Breite b (Abb. 5.2) auch umgekehrt proportional zum Radius verzögert wird. In einem schaufellosen Ringraum mit konstanter Breite b werden also c_u und c_m und somit die Absolutgeschwindigkeit c insgesamt umgekehrt proportional zum Radius verzögert.

In einem solchen schaufellosen Ringraum und reibungsfreier Strömung bewegt sich ein Flüssigkeitsteilchen auf einer logarithmischen Spirale mit $\alpha = \alpha_3$. Die Länge des

Weges, den ein Flüssigkeitsteilchen zurückzulegen hat, um vom Radius r_2 auf den Radius r_4 (Abb.5.2) zu kommen, hängt somit vom Strömungswinkel α_3 ab. Je kleiner dieser Winkel ist, desto länger ist der zurückzulegende Weg. Ein schaufelloser Ringraum sollte als Leitvorrichtung nur dann benutzt werden, wenn $\alpha_3 > 15^\circ$ ist. Bei kleineren Winkeln werden der zurückzulegende Weg und damit die entstehenden Reibungsverluste zu groß.

5.3. Spiralgehäuse

Bei einstufigen Pumpen und bei der letzten Stufe von mehrstufigen Pumpen benutzt man als Leitvorrichtung ein Spiralgehäuse (Abb.5.3). Bei einem solchen Spiralgehäuse vergrößert sich der Strömungsquerschnitt in Umfangsrichtung um schließlich in den Querschnitt des Druckstutzens übergeführt zu werden.

In einem solchen Spiralgehäuse wird die Absolutgeschwindigkeit c_3 (vgl. Abb.5.3) verzögert, weil sich das Spiralgehäuse nach außen hin entwickelt und davon ausge-

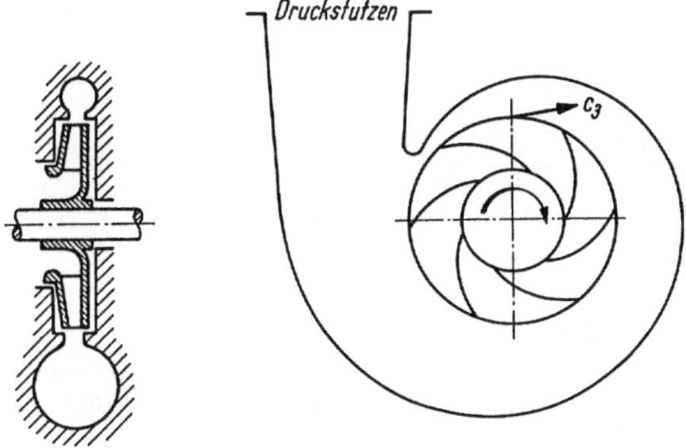

Abb.5.3. Laufrad mit Spiralgehäuse als Leitvorrichtung.

gangen werden kann, daß im Spiralgehäuse (ebenso wie im schaufellosen Ringraum) der Drallsatz gilt.

Neben der Verzögerung der Absolutströmung erfüllt ein Spiralgehäuse bei einer Pumpe die Aufgabe, das Fluid vom äußeren Umfang des Laufrades in die Druckrohrleitung überzuführen. Sinngemäß benutzt man bei Turbinen Spiralgehäuse, um das Fluid aus der Druckrohrleitung an den äußeren Umfang des Laufrades oder eines beschaufelten Leitrades heranzuführen. Unter bestimmten Voraussetzungen ist es zweckmäßig zwischen Laufrad und Spiralgehäuse ein beschaufeltes Leitrad anzuordnen.

5.4. Leitvorrichtung auf der Saugseite des Laufrades

Die in Abschn.5.1 bis 5.3 behandelten Leiträder sind auf der Druckseite des Laufrades angeordnet. Dies ist die normale und übliche Ausführungsform. In Sonderfällen
ist es aber auch möglich, bei einer einstufigen Strömungsmaschine anstelle des auf
der Druckseite des Laufrades angeordneten Leitrades ein auf der Saugseite des Laufrades angeordnetes Leitrad zu verwenden. Es ist dann zweckmäßig, das Fluid auf der
Druckseite des Laufrades senkrecht, d.h. mit $\alpha_3 = 90°$ und somit mit $c_{3u} = 0$ strömen zu lassen. In der Hauptgleichung (Gl.(2,6)) ist dann das erste Glied der rechten Seite gleich Null. Um eine positive Schaufelarbeit zu erhalten, muß dann c_{0u} ein
negativer Wert, also entgegen der Drehrichtung des Laufrades gerichtet sein. In diesem Sonderfall wird bei einer Pumpe im Leitschaufelgitter die Strömung beschleunigt,
also Druck in Geschwindigkeit umgesetzt, was einen Reaktionsgrad $r > 1$ ergibt (vgl.
Gl.(2,27)).

Es kommt auch vor, daß man ein Leitrad auf der Druckseite _und_ ein Leitrad auf der
Saugseite des Laufrades verwendet. In diesen Fällen ist bei Gebläsen häufig das auf
der Saugseite des Laufrades angeordnete Leitrad mit verstellbaren Schaufeln ausgerüstet. Dann kann je nach der Stellung der Eintrittsleitschaufeln c_{0u} zwischen einem positiven und einem negativen Grenzwert variiert werden (Abb.5.4), was ge-

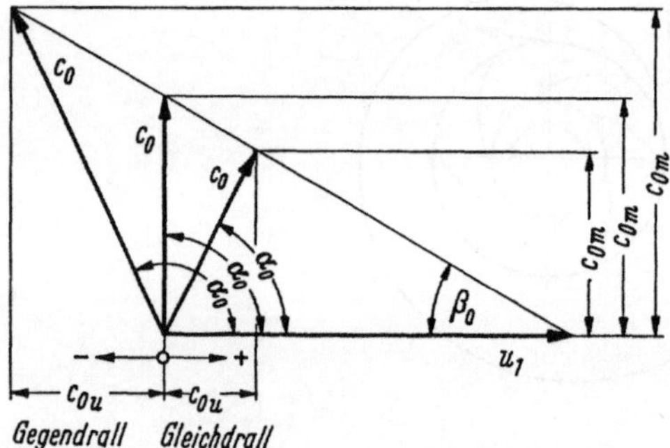

Abb.5.4. Eintrittsdreieck einer Pumpe
mit Drallregelung im Saugmund des Laufrades.

mäß der Hauptgleichung Gl.(2,6) verschieden große Schaufelarbeiten ergibt. Eine Zuströmung mit negativem c_{0u} ergibt im Saugmund des Laufrades einen der Drehrichtung des Laufrades entgegengerichteten Drall (Gegendrall), während ein positives c_{0u}
einen Gleichdrall darstellt. Aus Abb.5.4 erkennt man außerdem, daß durch diese
Drallregelung im Saugmund des Laufrades die Meridiangeschwindigkeit c_{0m} und damit der Förderstrom (vgl. Gl.(4,4)) verändert wird.

Die vorstehend beschriebene Drallregelung durch verstellbare Eintrittsleitschaufeln
wird beispielsweise häufig bei Kesselsaugzuggebläsen angewandt. Bei kleiner Kesselleistung werden die Eintrittsleitschaufeln auf Gleichdrall und bei großer Kesselleistung auf Gegendrall gestellt. Dies ergibt trotz konstanter Gebläsedrehzahl bei Gleichdrall gemäß den Bedürfnissen des Kessels bei kleiner Last einen kleinen Luftstrom und

eine kleine spez. Stutzenarbeit des Kesselsaugzuggebläses. Bei Gegendrall - entsprechend großer Kesselleistung - fördert das Kesselsaugzuggebläse sinngemäß einen großen Förderstrom mit großer spez. Stutzenarbeit.

Bei mehrstufigen Strömungsmaschinen ist das Austrittsleitrad (bzw. die Rückführbeschauflung) der vorhergehenden Stufe gleichzeitig Eintrittsleitrad der betrachteten Stufe. So kann man bei mehrstufigen Strömungsmaschinen ohne zusätzlichen Bauaufwand vom Wert $\alpha_0 = 90°$ nach oben oder nach unten abweichen. Von dieser Möglichkeit wird gelegentlich bei mehrstufigen Strömungsmaschinen Gebrauch gemacht.

6. Betriebliches Verhalten der Strömungsmaschinen

Eine Strömungsmaschine ist berechnet für einen bestimmten Volumenstrom $\dot{V}$, für eine bestimmte spez. Stutzenarbeit Y und für eine bestimmte Drehzahl n. Diese Berechnungswerte werden beim Betrieb der Strömungsmaschine nur selten exakt eingehalten. Weichen Betriebsdaten von den Berechnungswerten ab, so bezeichnen wir die entsprechenden Werte mit dem Fußzeichen x, also mit $\dot{V}_x$, Y_x, n_x.

6.1. Stoßverluste

Bei einem von den Berechnungsdaten abweichenden Betrieb werden die Schaufeln meist nicht mehr tangential angeströmt; es können dann Stoßverluste auftreten. Stoßverluste sind an ein Schaufelgitter gebunden; sie sind deshalb für das Laufschaufelgitter und das Leitschaufelgitter getrennt zu behandeln. Allgemein bezeichnen wir den Stoßverlust mit Z_{st} und kennzeichnen außerdem die Stelle der Entstehung des Stoßes durch die im Abschn. 2.1 angeführten Fußzeichen. So bezeichnet beispielsweise Z_{st1} den bei einer Pumpe im Laufschaufelgitter entstehenden Stoßverlust und Z_{st4} den Stoßverlust des Leitschaufelgitters.

Wir berechnen den Stoßverlust aus

$$Z_{st} = \varphi \, \frac{w_s^2}{2} \, . \tag{6,1}$$

Darin bedeutet w_s die Differenz der Umfangskomponenten der Geschwindigkeiten in der ausgeglichenen Strömung vor und hinter der Stoßstelle (vgl. hierzu Abb. 6.1). w_s wird auch als Stoßkomponente bezeichnet.

Als Beispiel soll der Stoßverlust für ein Laufschaufelgitter bei Betrieb mit Teillast ($\dot{V}_x < \dot{V}$) berechnet werden.

Abb. 6.1. zeigt im linken Teil den Eintrittsbereich des Laufschaufelgitters, wobei wir gemäß Abschn. 2.1 mit dem Fußzeichen 0 eine Stelle in der tatsächlichen Strömung an der Saugseite des Laufschaufelgitters außerhalb des Laufschaufelkanals und mit dem Fußzeichen 1 eine Stelle in der (gedachten) schaufelkongruenten Strömung an der Saugseite des Laufschaufelgitters innerhalb des Laufschaufelkanals bezeichnen. Zwecks

Vereinfachung der Betrachtung sei angenommen, daß die Laufschaufeln unendlich dünn sind, und daß somit die in Abschn.2.2 behandelte Querschnittsverengung durch die Schaufeln entfällt, hier also $c_{1m} = c_{0m}$ gesetzt werden kann.

Im rechten Teil der Abb.6.1 sind die Geschwindigkeitspläne gezeichnet. Das Geschwindigkeitsdreieck mit u_1 ; c_{1m} ; $w_1 = w_0$ gilt für den Berechnungspunkt und zwar sowohl

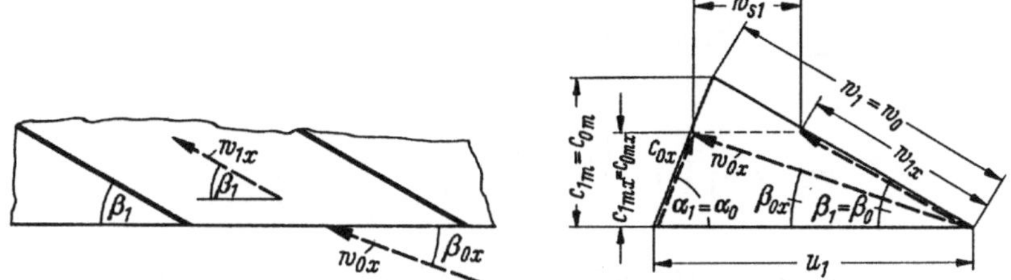

Abb.6.1. Eintrittsbereich eines Laufschaufelgitters und Geschwindigkeitsplan.

für die Stelle 0 als auch für die Stelle 1. Wenn nun anstelle des Berechnungsvolumenstromes $\dot{V}$ der kleinere Teillaststrom $\dot{V}_x$ durch das Laufschaufelgitter strömt, verkleinert sich gemäß der Kontinuitätsgleichung (Gln.(1,1) und (4,5)) die Meridiankomponente $c_{1m} = c_{0m}$ auf $c_{1mx} = c_{0mx}$. Es ist

$$\frac{\dot{V}_x}{\dot{V}} = \frac{c_{1mx}}{c_{1m}} . \tag{6,2}$$

Aus der (unverändert bleibenden) Umfangsgeschwindigkeit u_1 und der absoluten Zuströmgeschwindigkeit c_{0x} ergibt sich die relative Zuströmgeschwindigkeit w_{0x} nach Größe und Richtung. Damit ist der relative Zuströmwinkel β_{0x} festgelegt, der nun mit dem Schaufelwinkel β_1 nicht mehr übereinstimmt. Beim Übergang von der Stelle 0 auf die Stelle 1 wird nun die Relativströmung stoßartig vom Strömungswinkel β_{0x} auf den Strömungswinkel β_1 umgelenkt, wobei die Relativgeschwindigkeit von w_{0x} auf w_{1x} (vgl. Abb.6.1) übergeführt wird. In dem hier behandelten Fall wird also die Relativgeschwindigkeit verzögert; wir haben es mit einem Verzögerungsstoß zu tun, der besonders stark verlustbehaftet ist (vgl. hierzu [1] Abschn.2.81).

Die Stoßkomponente ist in Abb.6.1 mit w_{s1} bezeichnet.

Die Größe des in Gl.(6,1) benutzten Beiwertes φ hängt von der Art der Schaufelprofilierung und vor allem davon ab, ob ein Ablösen der Strömung von den Schaufelwänden auftritt oder nicht. Bei einem Verzögerungsstoß ist wegen der dort vorliegenden dicken Grenzschicht die Ablösungsgefahr und damit φ groß, während ein Beschleunigungsstoß eine geringe Ablösungsgefahr ergibt. Häufig kann gesetzt werden

$$\varphi \approx 0,5 \ldots 0,7. \tag{6,3}$$

Man kann also davon ausgehen, daß etwa 50 % bis 70 % der Geschwindigkeitsenergie der Stoßkomponente als Stoßverlust verloren gehen.

Zur Berechnung des Stoßverlustes im Laufschaufelgitter einer Pumpe setzen wir

$$Z_{st1} = \varphi \, \frac{w_{s1}^2}{2} \qquad\qquad (6,4)$$

$$\frac{w_{s1}}{u_1} = \frac{c_{1m} - c_{1mx}}{c_{1m}} \qquad\qquad (6,5)$$

$$w_{s1} = u_1 \left(1 - \frac{c_{1mx}}{c_{1m}} \right) = u_1 \left(1 - \frac{\dot{V}_x}{\dot{V}} \right) \qquad\qquad (6,6)$$

In ähnlicher Weise kann der Stoßverlust am Eintritt in das beschaufelte Leitrad einer Pumpe oder auch am Eintritt in ein Turbinengitter (Laufschaufelgitter oder Leitschaufelgitter) berechnet werden.

Bei der nun folgenden Behandlung des betrieblichen Verhaltens von Strömungsmaschinen ist es notwendig, das Gebiet der Pumpen von dem Gebiet der Turbinen zu trennen.

6.2. Kennlinien und Bestimmung des Betriebspunktes bei Kreiselpumpen

Die für unsere Betrachtung wichtigste Kennlinie einer Kreiselpumpe ist die Drosselkurve. Man versteht darunter die Abhängigkeit der spez. Stutzenarbeit Y_x von dem Förderstrom $\dot{V}_x$ bei konstanter Drehzahl. Man kann die Drosselkurve auf dem Versuchsstand messen, indem man bei konstanter Pumpendrehzahl den in der Druckleitung der Pumpe eingebauten Drosselschieber mehr oder weniger stark schließt und die sich so einstellenden Werte des Förderstromes $\dot{V}_x$ und der spez. Stutzenarbeit Y_x mißt. Die Droselkurve ist also $Y_x = f(\dot{V}_x)$ bei konstanter Drehzahl.

Nachstehend wollen wir den Verlauf der Drosselkurve einer einstufigen Kreiselpumpe rechnerisch bestimmen:

Wir nehmen senkrechte Zuströmung ($\alpha_0 = 90^\circ$; $c_{0u} = 0$) an. Dann ist die spez. Schaufelarbeit bei unendlicher Schaufelzahl gemäß Gl. (2,42) und wegen der konstant gehaltenen Drehzahl ($u_{2x} = u_2$)

$$Y_{Sch\,\infty x} = u_2 c_{2ux}. \qquad\qquad (6,7)$$

Da somit $Y_{Sch\,\infty x} \sim c_{2ux}$ ist, müssen wir die Abhängigkeit zwischen c_{2ux} und dem Volumenstrom $\dot{V}_x$ klären. Entsprechend Gl. (6,2) ist

$$\frac{\dot{V}_x}{\dot{V}} = \frac{c_{2mx}}{c_{2m}}. \qquad\qquad (6,8)$$

Aus Abb.6.2 und Gl.(6,8) erhalten wir (vgl. Gl.(2,43))

$$c_{2ux} = u_2 - c_{2mx} \cot \beta_2 = u_2 - \frac{\dot{V}_x}{\dot{V}} c_{2m} \cot \beta_2 \qquad (6,9)$$

und damit gemäß Gl.(6,7)

$$Y_{Sch \infty x} = u_2 \left(u_2 - \frac{\dot{V}_x}{\dot{V}} c_{2m} \cot \beta_2 \right). \qquad (6,10)$$

Die sich aus Gl.(6,10) ergebende Abhängigkeit von $Y_{Sch \infty x}$ von $\dot{V}_x$ mit β_2 als Parameter ist in Abb.6.3 dargestellt. Man erkennt, daß mit $\beta_2 = 90°$ das zweite Glied in

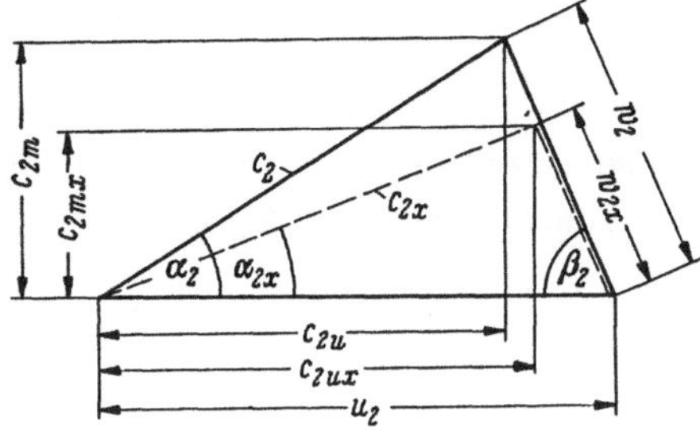

Abb.6.2. Geschwindigkeitsplan für die Druckkante eines Pumpenlaufrades bei schaufelkongruenter Strömung für Normal- und Teillast.

der Klammer auf der rechten Seite von Gl.(6,10) Null wird, und daß dann $Y_{Sch \infty x}$ unabhängig von $\dot{V}_x$ konstant gleich u_2^2 wird. Bei Schaufelwinkeln $\beta_2 < 90°$ fällt

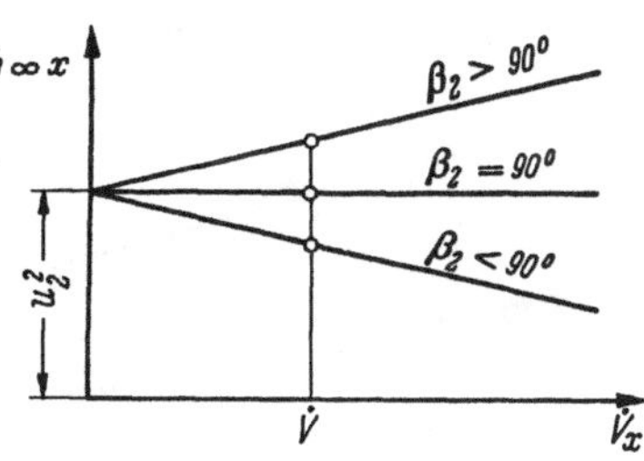

Abb.6.3. Spez. Schaufelarbeit $Y_{Sch \infty x}$ (bei unendlicher Schaufelzahl, d.h. bei schaufelkongruenter Strömung) in Abhängigkeit vom Förderstrom $\dot{V}_x$ und vom Laufschaufelwinkel β_2 bei konstanter Drehzahl.

$Y_{Sch \infty x}$ mit ansteigendem Förderstrom $\dot{V}_x$ ab, während $Y_{Sch \infty x}$ bei Schaufelwinkeln $\beta_2 > 90°$ mit wachsendem Förderstrom $\dot{V}_x$ ansteigt.

In Abschn.2.5 hatten wir anhand von Abb.2.20 erkannt, daß die Schaufelarbeit $Y_{Sch \infty}$ vom Laufschaufelwinkel β_2 stark beeinflußt wird. Die Richtigkeit dieser in Abschn.2.5 für den Berechnungsförderstrom $\dot{V}$ durchgeführten Betrachtungen ergibt sich auch aus Abb.6.3.

Bei Pumpen benutzt man in der Regel Schaufelwinkel $\beta_2 < 90°$ (vgl. den letzten Absatz in Abschn.2.5). Bei Pumpen fällt somit in der Regel $Y_{Sch \infty x}$ mit ansteigendem Förderstrom ab.

Die spez. Schaufelarbeit $Y_{Sch\,\infty\,x}$ würde nur bei unendlicher Schaufelzahl, d.h. bei
schaufelkongruenter Strömung erreicht werden. Sie ist somit nur ein theoretischer
Wert. Wir müssen nun auf die von den Schaufeln auf das Fluid tatsächlich übertragene Arbeit Y_{Schx} übergehen. In Anlehnung an Gl.(2,12) setzen wir

$$Y_{Sch\,x} = \frac{1}{1 + p}\; Y_{Sch\,\infty\,x},$$

(6,11)

wobei wir die Minderleistungszahl p für die betrachtete Pumpe als Konstante ansehen.
Da $Y_{Sch\,\infty\,x} = f(\dot{V}_x)$ eine Gerade ist, ergibt sich bei unserer Betrachtung für $Y_{Sch\,x} =$
$= f(\dot{V}_x)$ auch ein geradliniger Verlauf, den wir in Abb.6.4a einzeichnen.

Von der spez. Schaufelarbeit $Y_{Sch\,x}$ müssen wir nun die Schaufelverluste Z_{hx} und
die Stoßverluste Z_{st} abziehen, um auf die gesuchte spez. Stutzenarbeit Y_x zu kommen.

Die Schaufelverluste $Z_{h\,x}$ wurden in den Gln.(1,19) und (1,24) für den Berechnungsförderstrom $\dot{V}$ mit Z_h bezeichnet:

$$Z_h = (1 - \eta_h)\; Y_{Sch}.$$

(6,12)

Zur Bestimmung von Z_h schätzen wir η_h (vgl. hierzu Abb.2.25 und 2.26). Die
Schaufelverluste umfassen sämtliche Reibungsverluste in den Laufschaufelkanälen, in den Leitschaufelkanälen und in den Gehäusekanälen zwischen dem Saug-
und Druckstutzen innerhalb der Pumpe. Die Größe solcher Reibungsverluste

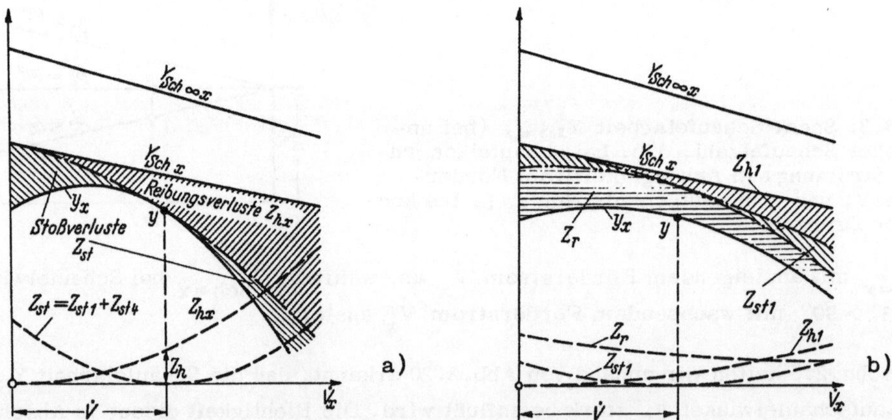

Abb.6.4a u. b. Vorausbestimmung der Drosselkurve $Y_x = f(\dot{V}_x)$ für eine einstufige
Kreiselpumpe. a) mit beschaufeltem Leitrad; b) mit schaufellosem Leitring.

ist etwa proportional zum Quadrat der Strömungsgeschwindigkeit, d.h. zum Quadrat des Förderstromes $\dot{V}_x$. Man kann die Schaufelverluste $Z_{h\,x}$ also als Parabel
über dem Förderstrom $\dot{V}_x$ mit dem Scheitel im Ursprung darstellen (Abb.6.4a). Da

uns gemäß Gl.(6,12) der Wert Z_h bei $\dot{V}$ bekannt ist, kann die Parabel $Z_{hx} = f(\dot{V}_x)$ gezeichnet werden.

Die Stoßverluste Z_{st} sind die Summe der Stoßverluste, die beim Eintritt in das Laufschaufelgitter $Z_{st\,1}$ und beim Eintritt in das Leitschaufelgitter $Z_{st\,4}$ entstehen. Es ist somit

$$Z_{st} = Z_{st\,1} + Z_{st\,4}. \qquad (6,13)$$

Die Berechnung der Stoßverluste wurde in Abschn.6.1 behandelt. Aus den Gln.(6,4) und (6,6) ergibt sich, daß der Verlust $Z_{st\,1}$ über dem Volumenstrom $\dot{V}_x$ den Verlauf einer quadratischen Parabel hat, deren Scheitel bei $\dot{V}_x = \dot{V}$ liegt. Man kann nachweisen (vgl. [1, S. 224]), daß die gleiche Überlegung auch für $Z_{st\,4}$ gilt und daß somit auch die Summe der Stoßverluste $Z_{st} = f(\dot{V}_x)$ als Parabel mit dem Wert $Z_{st} = 0$ bei $\dot{V}_x = \dot{V}$ dargestellt werden kann. Diese Parabel ist in Abb.6.4a eingezeichnet.

Die gesuchte spez. Stutzenarbeit

$$Y_x = Y_{Sch\,x} - Z_{hx} - Z_{st} \qquad (6,14)$$

erhalten wir, indem wir von dem Verlauf $Y_{Sch\,x} = f(\dot{V}_x)$ die Beträge der Kurven $Z_{hx} = f(\dot{V}_x)$ und $Z_{st} = f(\dot{V}_x)$ abziehen. In Abb.6.4a ist so die gesuchte Drosselkurve $Y_x = f(\dot{V}_x)$ eingezeichnet.

Wenn die betrachtete einstufige Kreiselpumpe nicht mit einem beschaufelten Leitrad sondern mit einem glatten Leitring (vgl. Abschn.5.2) ausgerüstet ist, entfallen die am Leitschaufelgitter entstehenden Stoßverluste $Z_{st\,4}$ und statt der Reibungsverluste in den Leitschaufelkanälen entstehen Reibungsverluste an den Seitenflächen des Leitringes. In Abb.6.4b sind die Reibungsverluste in den Laufschaufelkanälen und in den Gehäusekanälen an Saugmund und Druckstutzen mit $Z_{h\,1}$ bezeichnet. Außerdem sind in Abb.6.4b die Stoßverluste $Z_{st\,1}$ (an den Laufschaufeln) und die Reibungsverluste Z_r (an den Seitenflächen des Leitringes) eingezeichnet. Diese Reibungsverluste Z_r sind bei Nullförderung ($\dot{V}_x = 0$) am größten und verkleinern sich geringfügig mit zunehmendem Förderstrom $\dot{V}_x$. Dieser Verlauf von Z_r ergibt sich daraus, daß bei Nullförderung das Fluid im Leitring mit einer Geschwindigkeit kreist, die nur etwas kleiner als die Umfangsgeschwindigkeit u_2 des Laufrades ist. Bei zunehmendem Förderstrom $\dot{V}_x$ wird die Strömungsgeschwindigkeit des Fluids im Leitring geringer. Wenn man in Abb. 6.4b von $Y_{Sch\,x} = f(\dot{V}_x)$ die Verluste $Z_{h\,1}$; $Z_{st\,1}$ und Z_r abzieht, erhält man die Drosselkurve $Y_x = f(\dot{V}_x)$ für eine Kreiselpumpe mit glattem Leitring. Diese Drosselkurve verläuft erheblich flacher als bei einer Kreiselpumpe mit beschaufeltem Leitrad.

Bei der hier besprochenen rechnerischen Vorausbestimmung der Drosselkurven wurden einige die Rechnung stark vereinfachende Annahmen gemacht, so daß das Ergebnis

nur als grob angenähert betrachtet werden kann. Zur Beurteilung des betrieblichen
Verhaltens (z.B. zur nachfolgend beschriebenen Bestimmung des Betriebspunktes)
benutzt man zweckmäßigerweise die Drosselkurve der betrachteten Pumpe, die auf
dem Versuchsstand gemessen wurde. Neben der Drosselkurve wird dabei meist gleichzeitig die Wirkungsgradkurve $\eta_x = f(\dot{V}_x)$ gemessen. η_x ist dabei der in Gl.(1,29) behandelte Gesamtwirkungsgrad für beliebige Betriebspunkte.

Wenn man für eine Kreiselpumpe bei verschiedenen Drehzahlen die Drosselkurve rechnerisch oder experimentell ermittelt und außerdem die Punkte gleichen Gesamtwirkungsgrades η_x miteinander verbindet, entsteht ein der Abb.6.5 entsprechendes Kennfeld, das wegen des muschelförmigen Verlaufes der Wirkungsgradlinien auch Muschelschaubild genannt wird.

In das Kennfeld der gemessenen Drosselkurven und der gemessenen Linien gleicher
Wirkungsgrade sind in Abb.6.5 zwei Parabeln 0 A und 0 B gestrichelt eingezeichnet.
Die Hauptachse beider Parabeln ist die Y_x-Achse.

Auf der Parabel 0 A liegen die höchsten Punkte der Drosselkurven. Wenn für eine beliebige Drehzahl (beispielsweise die Berechnungsdrehzahl n) die Drosselkurve durch
Rechnung oder Messung gegeben ist, so kann sie für jede andere Drehzahl (z.B. n_x)
folgendermaßen bestimmt werden: Der höchste Punkt der gesuchten neuen Drosselkurve liegt auf der Parabel 0 A. Die Koordinaten $\dot{V}_x$, Y_x dieses Punktes ergeben sich
aus folgenden Beziehungen

$$\dot{V}_x \sim n_x; \qquad \dot{V}_x = \dot{V}_{xA} \frac{n_x}{n} \tag{6,15}$$

$$Y_x \sim n_x^2; \qquad Y_x = Y_{xA} \left(\frac{n_x}{n}\right)^2 \tag{6,16}$$

$\dot{V}_{xA}$ und Y_{xA} sind hierbei die Koordinaten des Punktes A bei der Drehzahl n (Abb.6.5).

Die gesuchte Drosselkurve ist der bekannten Drosselkurve kongruent, d.h. man braucht
die bekannte Drosselkurve nur parallel so zu verschieben, daß der höchste Punkt (A in
Abb.6.5) auf der Parabel 0 A bleibt und durch den durch die Gln.(6,15) bzw. (6,16)
bestimmten Punkt geht.

Dieses für parabelförmige Drosselkurven durch theoretische Überlegungen [1, Abschn.
6.24] gefundene Kongruenzgesetz wird durch die Praxis (z.B. durch die in Abb.6.5
dargestellten Messungen) gut bestätigt. Abweichungen treten insbesondere dann auf,
wenn die Ausgangsdrosselkurve von einer Parabel stark abweicht.

Auf der Parabel 0 B liegen die Punkte mit den bei den einzelnen Drehzahlen erreichten
besten Wirkungsgraden; das sind die Punkte stoßfreien Betriebs. Allgemein kann man

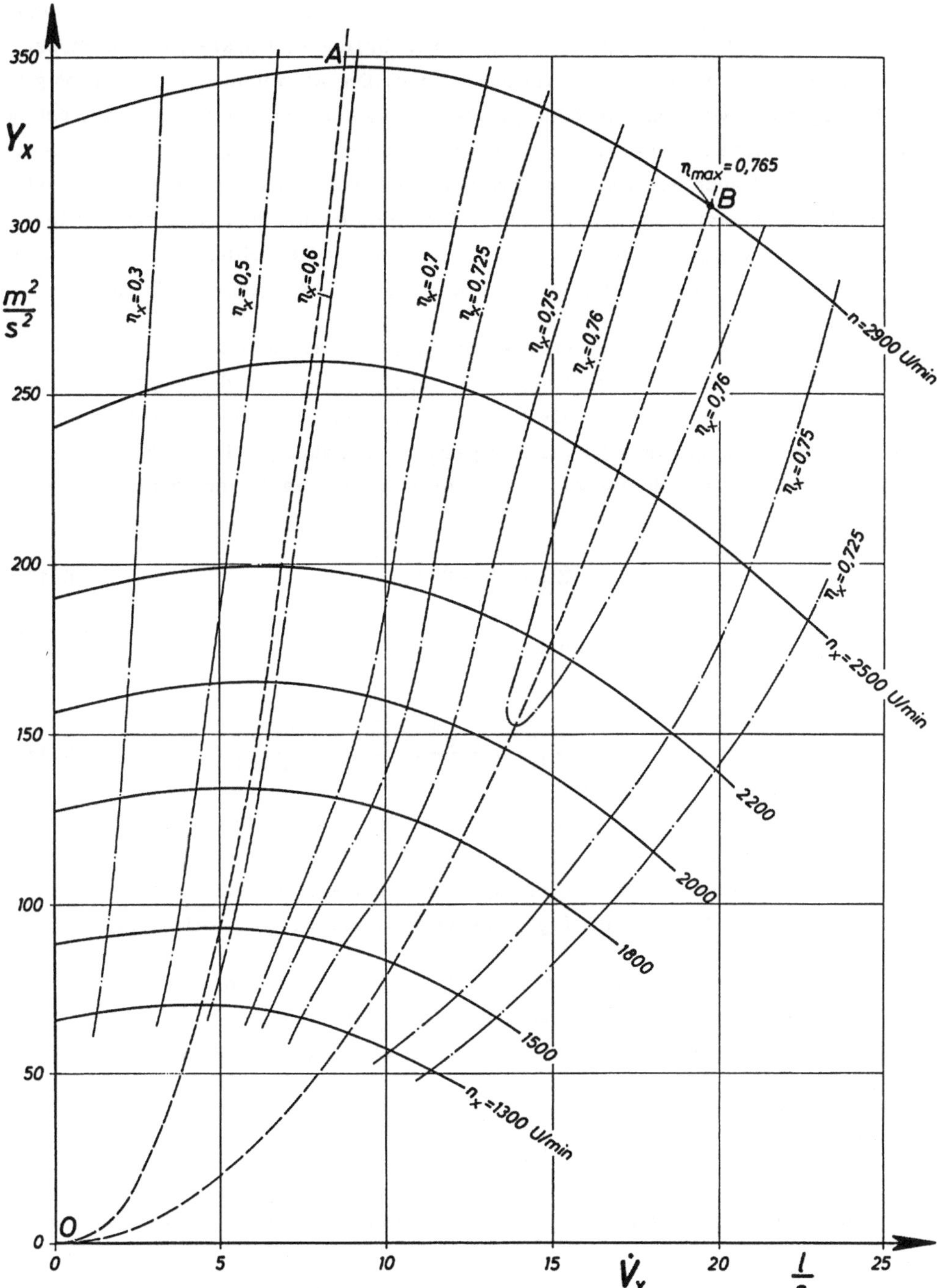

Abb. 6.5. Gemessene Drosselkurven $Y_x = f(\dot{V}_x)$ bei verschiedenen Drehzahlen und Linien gleichen Wirkungsgrades η_x (Muschelschaubild) einer für $\dot{V} = 19{,}8\,l/s$; $Y = 306\,m^2/s^2$ und $n = 2900$ U/min ausgelegten Kreiselpumpe.

sagen, daß die Punkte gleichen Stoßzustandes (das sind Betriebspunkte mit konstantem Verhältnis $w_{s\,1}/u_1$; vgl. Abb.6.1) auf Parabeln liegen. Punkte gleichen Stoßzustandes sind Punkte etwa gleichen Wirkungsgrades. Die Abweichungen der Linien gleicher Wirkungsgrade von den Parabeln gleichen Stoßzustandes sind vor allem durch den Einfluß der Reynoldszahl zu erklären. Die wichtigste Feststellung hierzu wäre, daß bei kleinerer Drehzahl auch nur kleinere Maximalwirkungsgrade erreicht werden (vgl. Abb.6.5). Diese Feststellung gilt vor allem für kleinere und auch noch für mittlere Reynoldszahlen, nicht jedoch für den Bereich sehr hoher Reynoldszahlen. Nähere Erläuterungen hierüber sind in der Fachliteratur, z.B. [1, Abschn.6.53], zu finden.

Der Betriebspunkt einer Kreiselpumpe ist der Schnittpunkt zwischen der bereits erklärten Drosselkurve und der Kennlinie der Anlage. Letztere wird wesentlich beeinflußt durch die Verluste in den Rohrleitungen. In der Regel steigen diese Rohrleitungsverluste Z_R mit dem Quadrat der Strömungsgeschwindigkeit, d.h. bei konstantem Strömungsquerschnitt mit dem Quadrat des Volumenstromes $\dot{V}_x$ an. Es ist also in der Regel

$$Z_R \sim c^2 \sim \dot{V}_x{}^2 . \qquad (6,17)$$

Dieser Verlust an spez. Arbeitsfähigkeit kann bei einer geraden Rohrleitung berechnet werden aus

$$Z_R = \lambda \, \frac{l}{d} \, \frac{c^2}{2} . \qquad (6,18)$$

In Gl.(6,18) bezeichnen l die Länge der Rohrleitung, d den lichten Durchmesser der Rohrleitung, c die Strömungsgeschwindigkeit und λ den dimensionslosen Reibungsbeiwert. λ hängt ab von der Reynolds-Zahl und der Rauhigkeit der Rohrleitung; häufig liegt λ im Bereich 0,02 bis 0,06 (vgl. hierzu z.B. [2, S. 163, Bild 8]).

Anstelle von Z_R (Verlust an spez. Arbeitsfähigkeit, z.B. in Nm/kg = m^2/s^2, vgl. die auf S.8 vor Gl.(1;4) gemachten Ausführungen) kann man die Rohrleitungsverluste auch als Druckverlust Δp_R oder als Höhenverlust (Widerstandshöhe) h_R ausdrücken. Es sind

$$\Delta p_R = \rho \, Z_R \quad \text{und} \quad h_R = \frac{Z_R}{g} , \qquad (6,19)$$

wobei ρ die Dichte des Fluids und g die örtliche Fallbeschleunigung bedeuten. Meist ist g = $9,81\,m/s^2$.

Es gibt in der Praxis Pumpen, die nur Rohrleitungsverluste zu überwinden haben. Dies sind beispielsweise Kühlwasserpumpen, Kühlgebläse, Heizungsumwälzpumpen usw.. Bei solchen Pumpen ist die Kennlinie der Anlage die durch die Rohrleitungsverluste Z_R

gegebene Widerstandsparabel (vgl. Gln.(6,17) und (6,18)). In Abb.6.6 sind eine
solche Widerstandsparabel und die Drosselkurve der in dieser Anlage arbeitenden
Kreiselpumpe eingezeichnet. Der Betriebspunkt B in Abb.6.6 ist der Schnittpunkt

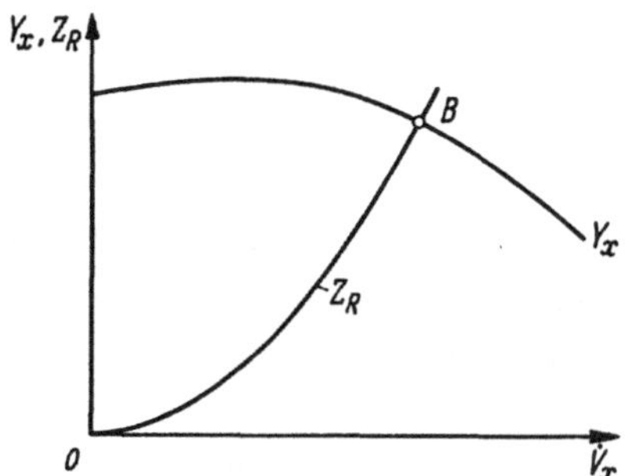

Abb.6.6. Kennlinien einer Pumpenanlage ohne
spez. statische Förderarbeit (z.B. zur Kühl-
wasserumwälzung). $Z_R = f(\dot{V}_x)$ Widerstandsparabel der Anlage. $Y_x = f(\dot{V}_x)$ Drosselkurve
der Pumpe. B = Betriebspunkt.

zwischen Widerstandsparabel und Drosselkurve. Bei der Auslegung einer solchen Anlage ist darauf zu achten, daß der Betriebspunkt B möglichst in dem Arbeitsbereich
stoßfreien Betriebes, d.h. möglichst auf oder nahe bei der Parabel 0 B in Abb.6.5
liegt. Dies bedeutet, daß die durch die Anlage gegebene Widerstandsparabel und die
durch die Pumpe gegebene Parabel stoßfreien Betriebes zusammenfallen sollen. Dann
arbeitet die Pumpe bei jeder Drehzahl mit dem jeweils bestmöglichen Wirkungsgrad.

Wenn man annimmt, daß die in Abb.1.8 dargestellte Strömungsmaschine eine Kreiselpumpe ist, hat diese Kreiselpumpe neben den Rohrleitungsverlusten Z_R die geodätische Förderhöhe H_{geo} zu überwinden. H_{geo} ist der Höhenunterschied zwischen
dem oberen und dem unteren Wasserspiegel. Zur Überwindung dieser geodätischen
Förderhöhe ist dem Fluid die spez. Förderarbeit $g\,H_{geo}$ zuzuführen (g = örtliche
Fallbeschleunigung).

Bei der in Abb.1.8 dargestellten Anlage herrscht auf dem saugseitigen und dem
druckseitigen Wasserspiegel der gleiche statische Druck. Wenn zusätzlich ein statischer Druckunterschied zu überwinden wäre, so errechnet sich die spez. statische Förderarbeit Y_{stat} aus

$$Y_{stat} = g\,H_{geo} + \frac{\Delta p_{stat}}{\rho} \tag{6,20}$$

Hierbei bezeichnen ρ die Dichte des Fluids und Δp_{stat} die Differenz der statischen
Drücke, die auf den Oberflächen des Fluids im Druckraum (d.h. am Ende der
Druckrohrleitung) und im Saugraum (d.h. vor Beginn der Saugrohrleitung) herr-
schen. Wenn die Fußzeichnen II für den Druckraum und I für den Saugraum gelten,
ist

$$\Delta p_{stat} = p_{II} - p_I \tag{6,21}$$

Gl.(6.20) gilt nur für inkompressible Medien. Bei kompressiblen Medien ist die Dichteänderung zu berücksichtigen (vgl. hierzu Gln.(1,11) bis (1,18)).

Die von der Kreiselpumpe zu liefernde spez. Stutzenarbeit Y_x ist

$$Y_x = Y_{stat} + Z_R \qquad\qquad (6,22)$$

Z_R bezeichnet die Rohrleitungsverluste.

Für eine der Abb.1.8 entsprechende Kreiselpumpenanlage sind die Betriebskennlinien in Abb.6.7 eingezeichnet. Der Scheitel der Widerstandsparabel $Z_R = f(\dot{V}_x)$ hat die Koordinaten Null und Y_{stat}. Abb.6.7 enthält die Drosselkurve von zwei verschiedenen Kreiselpumpen. Die kleinere Kreiselpumpe mit der Drosselkurve $Y_{x1} = f(\dot{V}_x)$ liefert im Betriebspunkt B_1 den Förderstrom $\dot{V}_1$ bei der spez. Stutzenarbeit Y_1. Bei der zweiten (größeren) Kreiselpumpe sind die entsprechenden Daten mit dem Fußzeichen 2 gekennzeichnet. Aus Abb.6.7 erkennt man, daß mit der zweiten Kreiselpumpe im Vergleich zum Betrieb mit der ersten Pumpe ein doppelt so großer Förderstrom gefördert wird und daß deshalb die Rohrleitungsverluste auf den vierfachen Wert ansteigen (vgl. hierzu Gl.(6,17)).

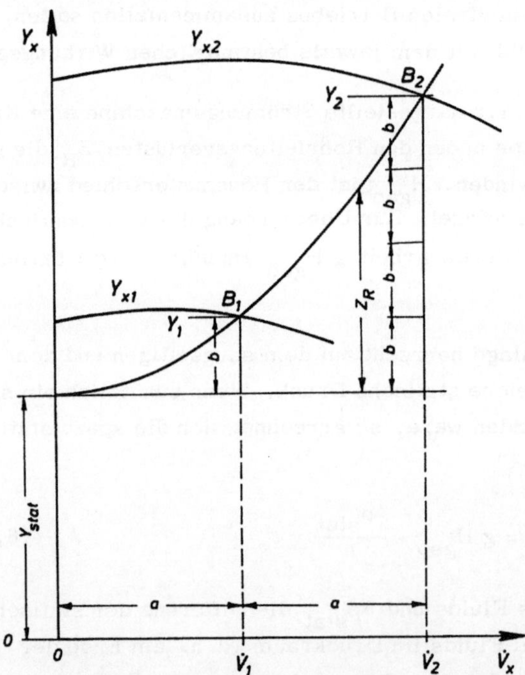

Abb.6.7. Kennlinien einer Pumpenanlage mit spez. statischer Förderarbeit Y_{stat}.

6.3. Das "Pumpen" und die Pumpgrenze

Wir betrachten beispielsweise das weitverzweigte Rohrleitungsnetz einer Druckluft-Versorgungsanlage (z.B. eines Bergwerks), die von einem mit konstanter Drehzahl laufenden Turboverdichter gespeist wird. Abb.6.8 zeigt die Drosselkurve dieses Turboverdichters, wobei neben dem Bereich der positiven Förderung ($\dot{V}_x > 0$) auch der Bereich mit negativem Förderstrom ($\dot{V}_x < 0$) aufgetragen ist. Die Drosselkurve für

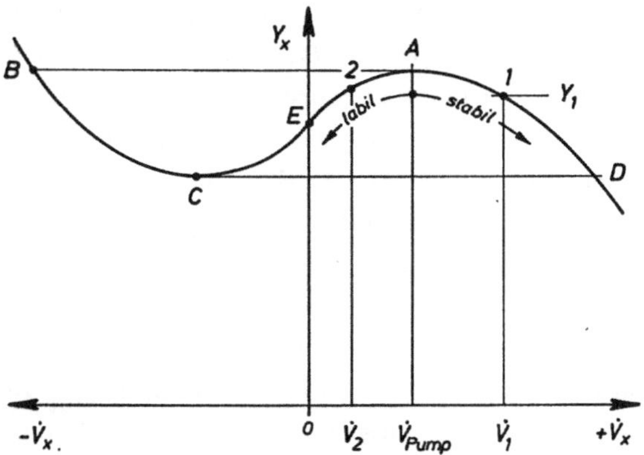

Abb.6.8. Drosselkurve in den Bereichen positiver und negativer Förderung bei konstanter Drehzahl.

den Bereich mit negativem Förderstrom kann man auf dem Versuchsstand messen, indem man mit Hilfe eines anderen Verdichters (oder aus einem Speicher) eine negative Durchströmung des untersuchten Verdichters bewirkt.

Zur Vereinfachung der Betrachtung wollen wir die Rohrleitungsverluste Z_R vernachlässigen. Dann ist gemäß den Gln.(6,20) bis (6,22) bei dem betrachteten Turboverdichter die spez. Stutzenarbeit Y_x gleich der spez. statischen Förderarbeit Y_{stat} und somit - bei $H_{geo} = 0$ und bei Vernachlässigung des Einflusses der Dichteänderung - proportional der statischen Druckdifferenz Δp_{stat} (Druck im Rohrleitungsnetz minus Atmosphärendruck).

Zunächst sei der normale, stabile Betrieb erklärt: Der Verdichter arbeitet im Betriebspunkt 1 (Abb.6.8) mit dem Förderstrom $\dot{V}_1$ und der spez. Stutzenarbeit $Y_1 \sim \Delta p_{stat\,1}$. Wird die Druckluftabnahme (z.B. durch Zuschalten weiterer Druckluftwerkzeuge) vergrößert, so wird zunächst Δp_{stat} abgesenkt, damit die spez. Stutzenarbeit Y_x verkleinert und der Förderstrom $\dot{V}_x$ vergrößert. Der Betriebspunkt wandert also in Abb.6.8 nach einem auf der Drosselkurve rechts vom Punkt 1 gelegenen Punkt. Die dabei im Druckluftnetz auftretende Druckschwankung soll für den Betrieb nicht als störend empfunden werden.

Sinngemäß wandert bei einer Verringerung der Druckluftentnahme der Betriebspunkt auf der Drosselkurve in Abb.6.8 nach links, wobei ein entsprechender Anstieg von Δp_{stat} auftritt. Dieser stabile Betrieb ergibt sich, solange der Betriebspunkt in Abb. 6.8 rechts vom Scheitelpunkt A der Drosselkurve bleibt.

Der Betrieb wird instabil, wenn der Verdichter im Betriebspunkt A arbeitet und der aus dem Druckluftnetz entnommene Luftstrom (z.B. auf $\dot{V}_2$) verkleinert wird. Da dann in das Druckluftnetz mehr hineingepumpt als entnommen wird, müßte Δp_{stat} ansteigen. Dies ist aber nicht möglich, da der Verdichter im Betriebspunkt A bereits den größtmöglichen Wert $Y_x \sim \Delta p_{stat}$ liefert. Da also der Verdichter nur einen kleineren Enddruck zu liefern vermag als ihn das Rohrleitungsnetz fordert, wird der durch den Verdichter fließende Luftstrom stark abgebremst und in negativer Durchströmrichtung beschleunigt. Der Betriebspunkt des Verdichters wandert dabei in Abb.6.8 sehr rasch vom Punkt A über die Betriebspunkte 2, E, C bis zum Punkt B. Im Punkt B wird diese rasche Wanderbewegung abgeschlossen, weil dann die spez. Stutzenarbeit Y_x des Verdichters dem Überdruck Δp_{stat} im Druckluftnetz entspricht. Wir haben nun eine sehr starke Luftentnahme, da neben dem Luftverbrauch $\dot{V}_2$ der Verdichter mit einem dem Betriebspunkt B entsprechenden negativen Luftstrom durchströmt wird. Wegen dieser starken Luftentnahme fällt nun der Überdruck Δp_{stat} im Netz ab und der Betriebspunkt des Verdichters wandert entsprechend in Abb.6.8 von B nach C. Vom Punkt C aus macht der Verdichter eine weitere Druckabsenkung nicht mit; dann ist der Enddruck des Verdichters größer als der Druck im Netz; dadurch wird der negative Förderstrom rasch abgebremst und rasch in einen positiven Förderstrom übergeführt, der in Abb.6.8 dem Betriebspunkt D entspricht. Da nun der Verdichter in das Netz einen größeren Luftstrom hineinfördert als entnommen wird, steigt der Druck im Netz langsam an; damit wandert langsam der Betriebspunkt von D bis A. Ist der Betriebspunkt A erreicht und wird weiter weniger entnommen, so beginnen die vorstehend beschriebenen Schwankungen aufs Neue.

Diese Schwankungen bezeichnet man als "Pumpen" oder auch als "Pumpschwingungen".

Zum Zustandekommen einer Pumpschwingung müssen folgende Bedingungen erfüllt werden:

1. Der geforderte Betriebspunkt muß im labilen Bereich der Drosselkurve liegen. Der labile Bereich liegt links vom Scheitelpunkt A, d.h. in Abb.6.8 zwischen A und E.
2. In der Druckleitung muß ein Energiespeicher vorhanden sein. Wird Luft oder ein anderes Gas gefördert, so ist wegen der Kompressibilität dieser Medien die Druckluftleitung stets ein Energiespeicher.

Die Frequenz der Pumpschwingungen wird bestimmt durch das Verhältnis Speicherfähigkeit/Verdichtergröße. Ist diese relative Speicherfähigkeit groß, so dauert der Übergang von den Betriebspunkten B auf C und von D auf A lange; wir haben dann eine kleine Frequenz. Bei einem Turbokompressor, der das Druckluftnetz eines Bergwerkes versorgt, dauert eine Pumpschwingung mehrere Sekunden. Dagegen tritt beispielsweise bei einem Turbogebläse, welches über eine kurze Luftleitung einen Dieselmotor auflädt, im Falle des "Pumpens" eine größere Zahl von Pumpschwingungen je Sekunde auf. Bei sehr kleiner Speicherfähigkeit, die beispielsweise bei mit Wasser betriebenen Kreiselpumpenanlagen bei kleinen Förderdrücken vorliegt, ergibt sich eine sehr hohe Frequenz, die wegen der Trägheit des Wassers praktisch nicht erreicht werden kann. Dann treten Pumpschwingungen nicht auf. Durch Pumpschwingungen gefährdet sind aber Kreiselpumpenanlagen für hohe Förderdrücke (z.B. Kesselspeisepumpen), weil dann die Kompressibilität des Wassers und die Elastizität der Rohrleitungen eine nennenswerte Speicherfähigkeit ergeben.

Die durch Pumpschwingungen entstehenden Nachteile sind:

1. Unwirtschaftlichkeit. Auch während der Rückströmung nimmt der Verdichter noch Wellenleistung auf; außerdem wurde der ausgeblasenen Luft bereits Verdichtungsarbeit zugeführt.

2. Der Verdichter wird stoßweise belastet, was u.U. zu Beschädigungen (z.B. in den Lagern) führen kann.

3. Geräuschbelästigung. Die durch den Ansaugekanal des Verdichters ausgeblasene Luft verursacht ein trompetenartiges Geräusch, welches bei großen Verdichtern die Umgebung in einem Umkreis von mehreren hundert Metern belästigt.

Wegen dieser Nachteile ist das Auftreten von Pumpschwingungen möglichst zu vermeiden.

Bei der Konstruktion von Verdichtern, Kesselspeisepumpen usw. ist darauf zu achten, daß der höchste Punkt der Drosselkurve A und damit der Grenzförderstrom $\dot{V}_{Pump}$ bei einem möglichst kleinen Förderstrom liegt (vgl. Abb.6.8). Vorteilhaft hierfür sind kleine Laufschaufelwinkel β_2 und die Anwendung eines glatten Leitringes anstelle eines beschaufelten Austrittsleitrades (vgl. hierzu Abschn.5.1, 5.2 und 6.2).

Es ist möglich, Pumpen und Verdichter so zu bauen, daß die gesamte Drosselkurve stabil ist, d.h. daß dann der höchste Punkte der Drosselkurve auf der Ordinatenachse liegt. Solche stabilen Pumpen und Verdichter haben jedoch andere Nachteile, weshalb man häufig gezwungen ist, Pumpen und Verdichter mit einem labilen Zweig der Drosselkurve (A - E in Abb.6.8) zu verwenden. Um trotzdem das Auftreten von Pumpschwingungen zu verhindern, benutzt man Pumpverhütungsregelungen, die meist als Ausblaseregelung arbeiten. Dabei wird, sobald der Nutzförderstrom den Förderstrom an der Pumpgrenze $\dot{V}_{Pump}$ unterschreitet, die Differenz dieser beiden Volumenströme über ein Ausblaseventil aus der Druckleitung abgeblasen. Eine solche Ausblaseregelung sorgt dafür, daß der vom Verdichter zu liefernde Förderstrom stets größer als $\dot{V}_{Pump}$ bleibt.

6.4. Das rotierende Abreißen

Bei Axialverdichtern (aber auch bei Radialmaschinen, insbesondere bei kurzer radialer Erstreckung der Schaufeln) kann unabhängig von den oben beschriebenen Pumpschwingungen eine andere Erscheinung auftreten, wenn der Förderstrom unterhalb des Berechnungswertes liegt und weiter verkleinert wird. Dies ist das Abreißen der Strömung an der oberen Schaufelfläche.

Als bekannt sei vorausgesetzt, daß die Strömung um einen Tragflügel an der oberen Fläche des Tragflügels abreißt, sobald der Anstellwinkel (δ in Abb.6.9) zu groß ist.

Abb.6.9. Anstellwinkel δ eines Tragflügels.

Ein solches Abreißen kann natürlich auch an den Schaufeln eines Schaufelgitters einer Strömungsmaschine auftreten, wobei dann jedoch das Abreißgebiet relativ zum Schaufelgitter rotiert und deshalb als rotierende Abreißerscheinung (rotating stall) bezeichnet wird. Dieses rotierende Abreißen kann folgendermaßen erklärt werden:

Mit abnehmendem Förderstrom (d.h. mit abnehmendem c_m in Abb.6.10) vergrößert sich der Anstellwinkel der Laufschaufeln. Wenn die Abreißgenze erreicht ist, reißt die Strömung infolge Ungenauigkeiten der Schaufelprofile oder ungleichmäßiger Zuströ-

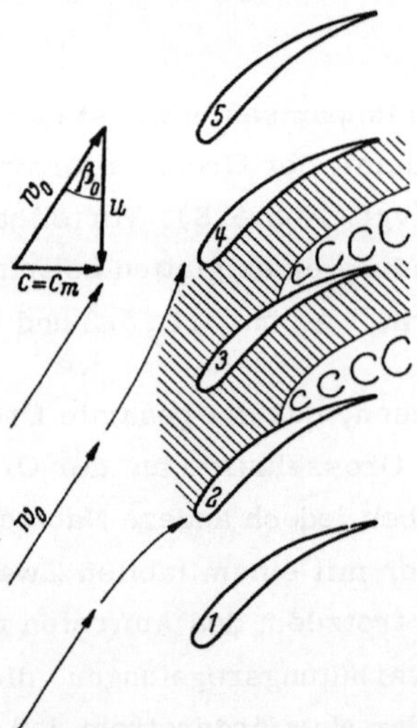

Abb.6.10. Entstehung des rotierenden Abreißens an einem Laufschaufelgitter.

mung zunächst nur an einer oder einigen wenigen Schaufeln ab (vgl. Schaufeln 2 und 3 in Abb.6.10). Dadurch wird der Durchfluß in den betroffenen Schaufelkanälen vermindert und die Strömung an dieser Stelle der Beschaufelung örtlich aufgestaut. Durch dieses in Abb.6.10 schraffiert dargestellte Staugebiet werden die nachfolgenden Flüssigkeitsteilchen nach beiden Seiten abgelenkt. Diese Ablenkung bewirkt bei den nachfolgenden Schaufeln (4 und 5 in Abb.6.10) eine Vergrößerung des ohnehin schon grossen Anstellwinkels und damit ein Abreißen. Bei den in Umfangsrichtung vor dem Staugebiet liegenden Schaufeln (1 und 2 in Abb.6.10) wird der Anstellwinkel vermindert und dadurch eine dort abgerissene Strömung wieder zum Anliegen gebracht. So wandert die Abreißzone relativ gesehen entgegen der Umfangsgeschwindigkeit der Laufschaufeln. Diese Wanderbewegung ist jedoch meist kleiner als die Umfangsgeschwindigkeit der Laufschaufeln, so daß absolut gesehen die Abreißzone in Richtung der Umfangsgeschwindigkeit wandert, und zwar mit etwa 20 bis 50 % der Laufradumfangsgeschwindigkeit.

Mit abnehmendem Förderstrom entsteht beim Durchschreiten der Abreißgrenze zunächst meist nur eine Abreißzone. Bei einer weiteren Verkleinerung des Förderstromes teilt sich dann diese Abreißzone sprungweise in mehrere Zonen auf.

Das rotierende Abreißen ist häufig die Ursache von Schaufelbrüchen. Durch den Wechsel des Schaufeldruckes können nämlich die Schaufeln in Biegeschwingungen gebracht und dadurch örtlich überbeansprucht werden. Aus diesem Grunde ist ein längeres Arbeiten eines Verdichters im Abreißgebiet zu vermeiden.

Beim Auftreten rotierenden Abreißens kann die spez. Stutzenarbeit abfallen. Dies kann zu den in Abschn.6.3 beschriebenen Pumpschwingungen führen, falls in der Druckleitung ein genügend großer Energiespeicher vorhanden ist. Dieses manchmal beobachtete "Pumpen" eines Verdichters als Sekundärerscheinung des Abreißens hat zur Folge, daß in der Praxis gelegentlich die rotierenden Abreißerscheinungen mit Pumpschwingungen verwechselt werden.

6.5. Kennlinien der Turbinen

Die von einer vorgegebenen Kreiselpumpe erzeugte spez. Stutzenarbeit Y_x ist abhängig von dem Förderstrom $\dot{V}_x$ und der Pumpendrehzahl n_x (vgl. z.B. Abb.6.5). Bei einer Turbine liegen völlig andere Verhältnisse vor: Bei einer Turbine wird die spez. Stutzenarbeit Y_x nicht durch die Maschine bestimmt. Bei einer Turbine wird Y_x von außen, d.h. von der Anlage her der Maschine zur Verfügung gestellt. Besonders anschaulich erkennt man diese Verhältnisse bei einer Wasserturbinenanlage. Die spez. Stutzenarbeit Y_x wird dort (wenn wir die Verluste in den Rohrleitungen bei dieser Betrachtung vernachlässigen) nur bestimmt durch den Höhenunterschied zwischen den Wasserspiegeln des Oberwassers und des Unterwassers. Dieser Höhenunterschied hängt ab von den baulichen Verhältnissen, von Regenfällen in letzter Zeit usw.

Die Drehzahl der Turbine ist vorgegeben durch die Drehzahl der Maschine, die von der Turbine angetrieben wird. Bei Drehstromerzeugung ist diese Drehzahl gleich der Netzfrequenz/Polpaarzahl des Generators. Falls die Drehzahl, die die angetriebene Maschine vorschreibt, zu einer ungünstigen Turbinenkonstruktion führt, kann ein zwischengeschaltetes Getriebe eine für die Turbine günstigere Drehzahl ergeben. Gegebenenfalls sind der Aufwand und der Nutzen eines solchen Getriebes abzuwägen. Die Turbinendrehzahl ist bei Drehstromerzeugung konstant und z.B. beim Schiffsantrieb proportional der Propellerdrehzahl.

Turbinen sind (im Gegensatz zu Pumpen) meist mit einer Steuerung ausgerüstet, durch die der Eintrittsquerschnitt und damit der in die Turbine einströmende Volumenstrom $\dot{V}_x$ der gewünschten Leistung angepaßt wird.

Für den Betreiber einer Turbine ist es wichtig zu wissen, was geschieht, wenn die mit einer bestimmten Leistung arbeitende Turbine plötzlich entlastet wird, und die Steuerung den Eintrittsquerschnitt nicht oder nicht schnell genug verkleinert. Zur Klärung dieses Vorganges betrachten wir eine Turbine, die die konstant bleibende spez. Stutzenarbeit Y erhält und bei der der Eintrittsquerschnitt auf einem konstanten Wert (bei ausgeschalteter Steuerung) festgehalten wird. An dieser Turbine wollen wir mittels einer Bremse die Drehzahl zwischen Null und dem maximal erreichbaren Wert variieren. Wir messen in Abhängigkeit der Drehzahl n_x den in die Turbine einströmenden Volumenstrom $\dot{V}_x$ und das an der Turbinenwelle abgegebene Drehmoment M_x. Bei einer Pelton-Wasserturbine (Abb.2.17) wird $\dot{V}_x$ etwa konstant bleiben. Bei einer Francis-Wasserturbine (Abb.3.7) wird $\dot{V}_x$ mit zunehmender Drehzahl n_x leicht ansteigen (vgl. Abb.6.11). Das Drehmoment M_x erreicht bei $n_x = 0$ seinen Maxi-

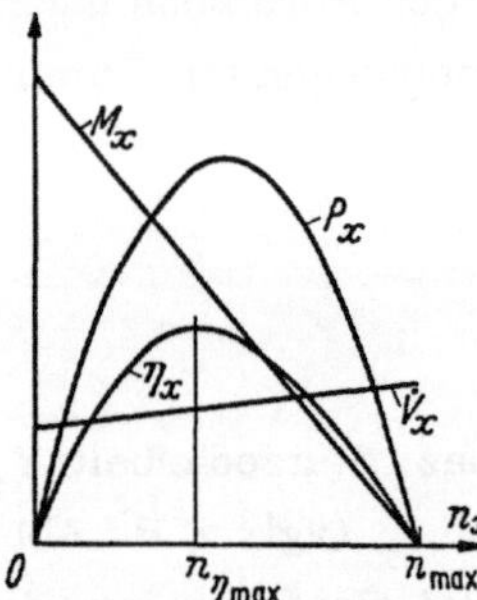

Abb.6.11. Kennlinien einer Turbine in Abhängigkeit von der Drehzahl bei festgehaltener Steuerstellung.

malwert und fällt mit zunehmender Drehzahl etwa linear ab, um bei der Maximaldrehzahl den Wert Null zu erreichen. Die Wellenleistung P_x ist proportional dem Produkt $n_x M_x$. Bei geradlinigem M_x-Verlauf erhalten wir für $P_x = f(n_x)$ eine Parabel. Der Verlauf des Wirkungsgrades ergibt sich gemäß Gl.(1,29) aus

$$\eta_x = \frac{P_x}{\rho \, \dot{V}_x \, Y} \, . \tag{6,23}$$

Als Betriebsdrehzahl ist die Drehzahl besten Wirkungsgrades $n_{\eta max}$ zu wählen. In Abb.6.11 sind die Kennlinien eingezeichnet. Man erkennt, daß die maximal erreichbare Drehzahl n_{max} (Durchgangsdrehzahl) etwas mehr als doppelt so groß wie die als Betriebsdrehzahl zu wählende Drehzahl $n_{\eta\,max}$ ist. Für die Betreiber von Turbinen ist folgendes wichtig:

Dampfturbinen dürfen und können die Durchgangsdrehzahl nie erreichen, weil der Turbinenläufer zur Aufnahme der Fliehkräfte hierfür nicht die nötige Festigkeit besitzt. Eine Zerstörung von Dampfturbinenläufern tritt meist schon bei einer Drehzahl ein, die etwa 20 bis 40 % über der Betriebsdrehzahl liegt. Um mit Sicherheit eine derartige Fliehkraftexplosion zu vermeiden, ist bei Dampfturbinen folgendes zu beachten:

1. Der als Betriebsregler arbeitende Drehzahlregler läßt maximal nur eine Drehzahl von 5 bis 6 % über der Betriebsdrehzahl zu.

2. Bei einer Überdrehzahl von etwa 10 % greift eine besondere Sicherheitssteuerung (auch Schnellschluß genannt) ein, die sofort das Hauptabsperrventil und die Dampfentnahmeventile schließt, durch die eventuell Dampf in die Turbine zurückströmen könnte. Die Funktion dieser Sicherheitssteuerung ist in regelmäßigen Zeitabständen zu überprüfen.

3. Die Ansprechzeiten des Betriebsreglers und der Sicherheitssteuerung sind sehr klein zu halten, weil die Hochlaufzeit einer Dampfturbine, insbesondere bei einer Vollastabschaltung, sehr klein ist.

4. Zwischen den Ventilen und der Beschaufelung dürfen nur kleine Räume mit nur geringer Speicherfähigkeit liegen, da der dort gespeicherte Dampf keine nennenswerte Drehzahlsteigerung verursachen darf. Dies ist besonders bei Dampfturbinen mit Zwischenüberhitzung zu beachten.

Wasserturbinenläufer halten in der Regel die Durchgangsdrehzahl aus, so daß dort besondere Sicherheitseinrichtungen nur in Sonderfällen nötig sind. Bei kleineren elektrischen Netzen ist jedoch zu beachten, daß eine unter Last hochlaufende Wasserturbine die Netzfrequenz und damit die durch Drehstromübertragung angetriebenen Maschinen mit hochzieht, die unter Umständen diese höhere Drehzahl nicht aushalten.

7. Spaltverlust, Radreibungsverlust, Axialschub und Ventilationsverlust

Der Spaltverlust, der Radreibungsverlust und der Axialschub werden in einem Abschnitt behandelt, weil diese Größen häufig voneinander abhängig sind.

7.1. Spaltverlust

Als Spaltverlust bezeichnet man den Verlust durch den Spaltstrom $\dot{V}_{sp}$ (vgl. Abschn. 1.5), der durch die Spaltdichtung (e in Abb.1.7a und R in Abb.7.5) von der Druckseite zur Saugseite des Laufrades fließt. In den Abb.7.1 bis 7.4 sind verschiedene Ausführungsformen der Spaltdichtungen dargestellt.

Zylindrische Ringspaltdichtungen (Abb.7.1 und 7.2) benutzt man bei Strömungsmaschinen, die mit Wasser, Oel oder anderen tropfbaren Flüssigkeiten arbeiten. Im

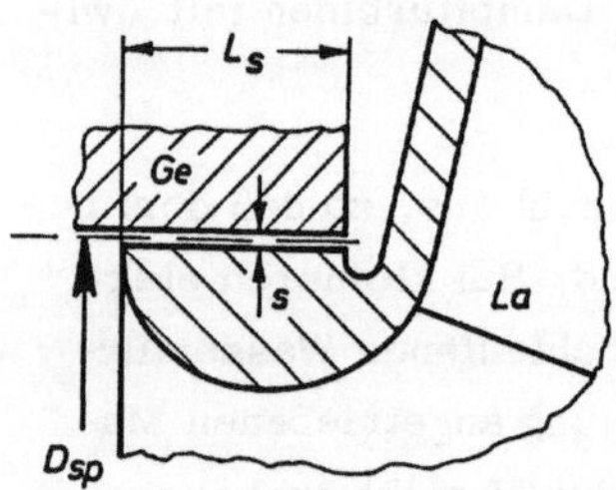

Abb.7.1. Zylindrische Ringspaltdichtung. Es bezeichnen L a = Laufrad; Ge = Gehäuse.

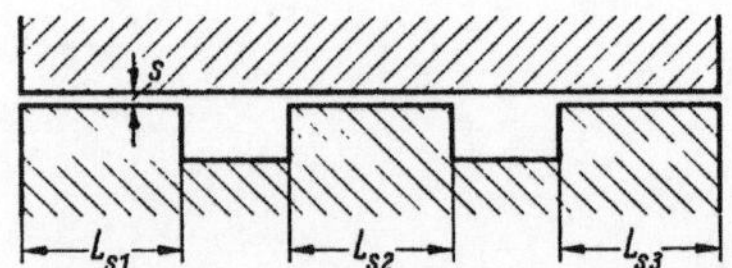

Abb.7.2. Dichtung mit z = 3 zylindrischen Ringspalten.

Falle eines Anstreifens bildet dann das Fluid einen Schmierfilm, wodurch Beschädigungen vermieden werden. In diesen Fällen wirken die Spaltdichtungen als zusätzliche Wellenlager, was beispielsweise bei der Berechnung der kritischen Drehzahl zu beachten ist.

Ist das Fluid ein Gas oder ein Dampf, so dürfen zylindrische Ringspaltdichtungen (Abb. 7.1 und 7.2) nicht benutzt werden, da im Falle eines Anstreifens der Läufer im Gehäu-

se "festfressen" würde. Bei Gasen und Dämpfen benutzt man deshalb Spitzendichtungen
(Abb.7.3 und 7.4). Im Falle eines Anstreifens schleifen sich die Spitzen rasch ab,
ohne daß eine nennenswerte Beschädigung auftritt. Bei der Konstruktion von Spitzendichtungen ist folgendes zu beachten:

Bei einem Anstreifen der Dichtung bleibt der mit den Spitzen, d.h. den Blechringen,
besetzte Teil kalt, weil die dünnen Blechringe keine nennenswerte Wärmemenge über-

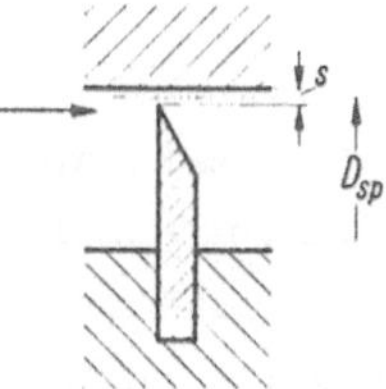

Abb.7.3 Ringspalt mit einer Spitzendichtung.

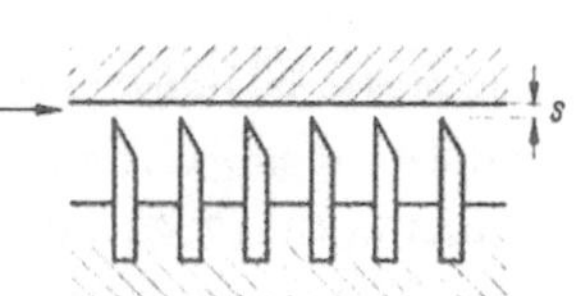

Abb.7.4. Ringspalt mit z = 6 Spitzendichtungen.

tragen können, während sich der Maschinenteil ohne Blechringe erwärmt und infolge
der Wärmedehnung seinen Umfang und Durchmesser vergrößert. Man muß den Teil
ohne Blechringe außen und den Teil mit Blechringen innen anordnen, damit im Falle
eines Anstreifens die Dichtung von selbst freikommt. In der Regel liegt außen das Gehäuse und innen die Welle bzw. der Läufer.

Man macht die Spaltweite s möglichst klein. Als Kleinstwert gilt für die in Abb.7.1
bis 7.4 dargestellten Ringspaltdichtungen bei unterkritisch laufenden, also starren
Wellen

$$s_{min} = 0,6 \frac{D_{sp}}{1000} + 0,1\,\text{mm}, \qquad (7,1)$$

bei überkritisch laufenden, also nachgiebigen Wellen etwa der doppelte Betrag.

Der Spaltstrom durch einen Ringspalt ist bei inkompressibler Flüssigkeit

$$\dot{V}_{sp} = \mu A_{sp} \sqrt{2\Delta p/\rho}. \qquad (7,2)$$

Darin ist (vgl. Abb.7.1 bis 7.4)

$A_{sp} = \pi D_{sp} s$ der Durchgangsquerschnitt des Spaltes (D_{sp} = Durchmesser, s = Weite des Spaltes),

Δp die Druckdifferenz zwischen beiden Seiten des Spaltes, die mittels Gl.
(7,16) berechnet werden kann, wobei in dieser Gleichung $r = D_{sp}/2$
zu setzen ist (dann ist $\Delta p = p(r) - p_0$),

ρ die Dichte der Flüssigkeit,

μ die Durchflußzahl, die die Spaltwiderstände berücksichtigt.

Bei einem Ringspalt, der nur mit einer Spitzendichtung (vgl. Abb.7.3) abgedichtet wird, kann die Durchflußzahl μ gleich dem Beiwert α, der die Kontraktion des Flüssigkeitsstrahles, die Reibung und gegebenenfalls eine Energiezufuhr durch die Rotation der Welle berücksichtigt, gesetzt werden:

$$\mu = \alpha. \tag{7,3}$$

Bei einer gut zugeschärften Spitzendichtung kann $\alpha = 0,7$ bis $0,8$ gesetzt werden. Falls die Spitzendichtung - z.B. durch ein Anstreifen bei zu engem Spalt - sich etwas abgerundet hat, kann α bis etwa $0,95$ ansteigen. Ein Anstieg auf $\alpha > 1$ ist ferner infolge der Wellenrotation möglich (vgl. hierzu [1, S. 281/282]).

Beim Hintereinanderschalten von z Spitzendichtungen (Abb.7.4) herrscht bei inkompressibler Flüssigkeit an jeder einzelnen Spitzendichtung die Druckdifferenz $\Delta p/z$. Wenn man in Gl.(7,2) mit Δp die Druckdifferenz an der gesamten Dichtung bezeichnet, ist daher in Gl.(7,2) zu setzen

$$\mu = \frac{\alpha}{\sqrt{z}}. \tag{7,4}$$

Wenn hinter jeder einzelnen Spitzendichtung die Geschwindigkeitsenergie durch Verwirbelung vollständig in Wärme umgesetzt wird und damit verloren geht, kann in Gl. (7,4) der Beiwert α wie oben angegeben beispielsweise zwischen $0,7$ bis $0,95$ gesetzt werden. Falls jedoch - wie in Abb.7.4 - die Flüssigkeit aus einer Spaltdichtung unmittelbar in den nächsten Spalt so hineinströmt, daß am nachfolgenden Spalt ein Teil der Geschwindigkeitsenergie des vorhergehenden Spaltes zur Verfügung steht, ist in Gl.(7,4) der Beiwert α entsprechend größer - gegebenenfalls auch größer als 1 - einzusetzen (vgl. hierzu [1, S. 283]).

Die angegebenen Gleichungen gelten nur bei vernachlässigbar kleiner Dichteänderung des Arbeitsmediums. Im Fall starker Dichteänderung vergrößert sich der Spaltstrom und somit die Geschwindigkeit längs des Drosselweges entsprechend und kann u.U. bis auf Schallgeschwindigkeit anwachsen. Im Fall starker Dichteänderung sind deshalb besondere Rechenverfahren anzuwenden, die hier nicht behandelt werden.

Bei zylindrischen Ringspalten ist in Gl.(7,2) zu setzen

$$\mu = \frac{1}{\sqrt{\dfrac{z}{\alpha^2} + \lambda \dfrac{\Sigma L_s}{2s}}}. \tag{7,5}$$

Für α gilt das oben bei den Spitzendichtungen Gesagte. Auch hier ist z die Zahl der Dichtungsspalte. L_s ist die Länge der zylindrischen Ringspalte und s die Spaltweite (vgl. Abb.7.1 und 7.2). λ ist ein Widerstandsbeiwert, der abhängig ist von den Reynolds-Zahlen, die mit der Strömungsgeschwindigkeit im Spalt und mit der Umfangsgeschwindigkeit des Rotors gebildet werden [1, S. 284, Abb.7.3]. Oft liegt λ bei 0,05.

7.2. Radreibungsverlust

Abb.7.5 zeigt die Anordnung des Laufrades einer einstufigen, langsamläufigen Radialpumpe. Die umlaufenden Teile sind gegenüber dem Gehäuse an der Stelle R durch ei-

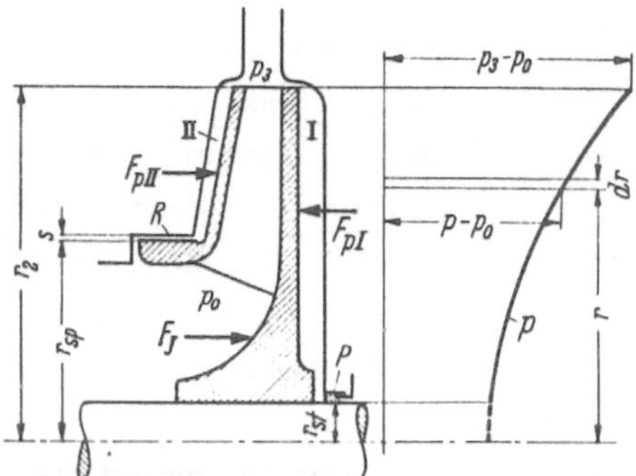

Abb.7.5. Langsamläufiges Radialrad mit Druckverlauf im Radseitenraum I. F_{pI}; F_{pII}; F_J Axialkräfte; P Packungsstopfbüchse; R Ringspalt.

nen zylindrischen Ringspalt und an der Stelle P durch eine Packungsstopfbüchse abgedichtet. Während die Packungsstopfbüchse P praktisch als dicht zu betrachten ist, strömt durch den Ringspalt R der Spaltstrom $\dot{V}_{sp}$ (vgl. Gl.(7,2)).

Für das Reibungsmoment (M) zwischen den beiden Radseitenflächen einer rotierenden Scheibe und dem Fluid einerseits sowie zwischen dem Fluid und der die Radseitenräume begrenzenden Gehäusefläche andererseits gilt bei inkompressiblem Fluid

$$M = 2\pi\rho \int_{r_i}^{r_a} \zeta\,(\Delta\omega)^2 r^4 dx. \qquad (7,6)$$

Dabei bedeuten

ρ die Dichte des Fluids,

r_a den äußeren Radius der Radscheibe bzw. der Gehäusewand (in Abb.7.5 ist $r_a = r_2$),

r_i den inneren Radius des betrachteten Radseitenraums (in Abb.7.5 ist $r_i = r_{sp}$ bzw. $r_i = r_{st}$),

r den laufenden Radius,

dx   das Element der Wandlinie im Meridianschnitt am Radius r; bei rein radial ver-
laufender Wand ist dx = dr,

ζ einen Widerstandsbeiwert, der von der Gestalt und der Rauhigkeit der betrachteten Wand und von der Reynoldszahl - sowie damit auch vom Radius - abhängt,
sowie

$\Delta\omega$ den Unterschied der örtlichen Winkelgeschwindigkeit ω_{Fl} des Fluids gegenüber
der betrachteten Wand, also $\Delta\omega_{Rad} = \omega - \omega_{Fl}$ für das Laufrad (mit ω als der Winkelgeschwindigkeit des Laufrads) und $\Delta\omega_{Gehäuse} = \omega_{Fl}$ für das Gehäuse.

a) Radseitenraum ohne Durchfluß

Zunächst soll der Fall betrachtet werden, daß durch den Radseitenraum - wie beispielsweise durch den Seitenraum I in Abb.7.5 - kein nennenswerter Durchfluß erfolgt und
daß der Seitenraum schmal ist. Unter diesen Voraussetzungen kann davon ausgegan-
gen werden, daß das Fluid im Seitenraum wie ein fester Körper mit der Winkelgeschwindigkeit ω_{Fl} rotiert. Wenn die Oberflächen von Radscheibe und Gehäuse etwa
gleich groß und gleich glatt sind, wird etwa $\omega_{Fl} = 0,5\,\omega$ sein (ω = Winkelgeschwindigkeit der Scheibe). Durch eine Vergrößerung der Rauhigkeit oder der Oberfläche der
Radscheibe wird die Winkelgeschwindigkeit des Fluids ω_{Fl} größer, während eine Vergrößerung der Rauhigkeit oder der Oberfläche des Gehäuses eine Verkleinerung von
ω_{Fl} zur Folge hat. Der Einfluß ist hierbei um so größer, je größer der Radius ist, an
dem die betrachteten Flächen liegen. Ist die Radscheibe glatt und das Gehäuse z.B.
durch Gehäuserippen stark zerklüftet, so wird sich eine sehr kleine Winkelgeschwindigkeit ω_{Fl} - beispielsweise $\omega_{Fl} = 0,2\,\omega$ - einstellen.

Ist ω_{Fl} und damit auch $\Delta\omega$ über dem Radius konstant, dann geht Gl.(7,6) über in

$$M = 2\pi\rho\,(\Delta\omega)^2 J \tag{7,7}$$

mit J als dem Integral

$$J = \int_{r_i}^{r_a} \zeta\,r^4\,dx. \tag{7,7a}$$

Wenn der Radseitenraum am äußeren Umfang (wie in Abb.7.5) durch einen einiger-
maßen engen Spalt abgeschlossen ist, findet praktisch kein Impulsaustausch zwischen
der aus dem Laufrad kommenden Strömung und der Strömung im Radseitenraum statt.
Dann ist das Moment $M_{Radseitenfläche}$ an der Radseitenfläche gleich dem Moment
$M_{Gehäusefläche}$ an der Gehäusefläche. Daraus folgt nach Gl.(7,7) für die Winkelge-

schwindigkeit ω_{Fl} der Flüssigkeit

$$\omega_{Fl} = \frac{\omega}{1 + \sqrt{\dfrac{J_{Gehäusefläche}}{J_{Radseitenfläche}}}} \tag{7,8}$$

mit $J_{Radseitenfläche}$ und $J_{Gehäusefläche}$ als dem Wert von J gemäß Gl.(7,7a) für die Radseiten- bzw. für die Gehäusefläche. Damit ist das Reibungsmoment

$$M = M_{Radseitenfläche} = M_{Gehäusefläche} = \frac{2\pi\rho\,\omega^2}{\left(\dfrac{1}{\sqrt{J_{Radseitenfläche}}} + \dfrac{1}{\sqrt{J_{Gehäusefläche}}}\right)^2} \tag{7,9}$$

Gl.(7,9) zeigt, daß das von der Radscheibe auf das Fluid übertragene Moment nicht nur von der Größe und Rauhigkeit der Scheibe, sondern in gleicher Weise auch von der Größe und Rauhigkeit der Gehäusewand abhängt. Besonders ist darauf hinzuweisen, daß das Reibungsmoment stark zunimmt, wenn die äußere zylindrische Begrenzung des Radseitenraumes vergrößert wird, d.h. wenn der Radseitenraum verbreitert wird. Als ungünstig erweist es sich auch, wenn der Radseitenraum im Gehäuse bis zu einem beachtlich größeren Radius r_a reicht als der Laufradaußenradius r_2, wie es gelegentlich beim Einbau von im Durchmesser verkleinerten Laufrädern in für größere Räder vorgesehene Gehäuse vorkommt.

Die Auswertung der Gl.(7,6) bzw. Gl.(7,7a) würde voraussetzen, daß die Beiwerte ζ für Scheibe und Gehäuse in ihrer Abhängigkeit vom Radius bekannt wären. Dies ist jedoch nicht der Fall. In der Praxis ist es deshalb üblich, die Verlustleistung P_r infolge Radreibung an den beiden Außenwänden eines Laufrades (Abb.7.5) zu berechnen aus (vgl. Abschn.1.5):

$$P_r = k\rho u^3 D(D + 5e_\tau). \tag{7,10}$$

Dabei sind:

u   die Umfangsgeschwindigkeit am Radaußendurchmesser,

D   der Radaußendurchmesser,

e_τ die Breite der zylindrischen Fläche am äußeren Umfang der Radscheibe,

ρ die Dichte des Fluids,

k   eine Erfahrungszahl.

Die Erfahrungszahl k entspricht einem mittleren Wert des Beiwertes ζ und berücksichtigt gleichzeitig die Form des Radseitenraumes. Darum ist k nicht nur von der Reynolds-Zahl und der Rauhigkeit, sondern auch von der Form, insbesondere der Breite des Radseitenraumes abhängig. Bei glatten ebenen Rad- und Gehäusewänden kann bei $Re \geqslant 10^6$ gerechnet werden mit

$$k = 7,3 \cdot 10^{-4} \left(\frac{10^6}{Re} \right)^{1/6}. \qquad (7,11)$$

Hier ist $Re = ur/\nu$, wobei u die Umfangsgeschwindigkeit am äußeren Radius $r = D/2$ und ν die kinematische Zähigkeit des Fluids bezeichnen.

Bei mit Wasser betriebenen Strömungsmaschinen kommen kleinere Reynolds-Zahlen als 10^6 kaum vor. Die Reynolds-Zahl $Re = 10^6$ ergibt sich beispielsweise mit einem Radaußendurchmesser $D = 0,2\,m$, einer Drehzahl $n = 1000\ U/min = 16,7\ U/s$ und Wasser von etwa $20°C$ ($\nu = 10^{-6}m^2/s$). Bei zähen Flüssigkeiten (hierzu gehören auch Gase geringer Dichte) kommen auch kleinere Reynolds-Zahlen vor. Der Exponent $1/6$ ist dann durch $1/5$ bis $1/3$ zu ersetzen. Bei rauhen Rad- bzw. Gehäusewänden nimmt die Erfahrungszahl k im Bereich hoher Reynolds-Zahlen weniger ab, als der Exponent $1/6$ ergibt. Dann ist dieser durch $1/7$ bis $1/9$ zu ersetzen.

Bei Radialrädern gewöhnlicher Form kann gesetzt werden:

$$\left(\frac{D + 5e_\tau}{D} \right) = 1,1. \qquad (7,12)$$

Damit wird aus Gl. (7,10) im oben angegebenen Reynolds-Zahl-Bereich

$$P_r = 8 \cdot 10^{-4} \left(\frac{10^6}{Re} \right)^{1/6} \rho\, u^3 D^2 = 0,025 \left(\frac{10^6}{Re} \right)^{1/6} \rho\, n^3 D^5 \qquad (7,13)$$

mit $u = n\pi D$.

Bei gasförmigen Energieträgern nimmt ρ von der Drehachse nach außen zu. Es empfiehlt sich, hier für ρ den am äußeren Umfang gültigen Wert einzusetzen.

b) Radseitenraum mit Durchfluß

Durch den saugseitigen Radseitenraum II (Abb. 7.5) fließt ein Spaltstrom von außen nach innen. Er tritt am Radius r_2 etwa mit der Umfangskomponente c_{3u} der Laufradströmung in den Radseitenraum II ein. Bei reibungsloser Strömung würden diese Umfangskomponente nach dem Drallsatz ($r\,c_u$ = const mit c_u als der Umfangskomponente der Strömungsgeschwindigkeit am Radius r) auf dem Wege nach innen proportional $1/r$ und die Winkelgeschwindigkeit proportional $1/r^2$ zunehmen. Die tatsächliche Zunahme wird zwar durch die Reibung beeinflußt, aber ω_{Fl} bleibt nicht mehr über dem Radius konstant, sondern steigt nach innen zu an, und zwar um so mehr, je größer der Spaltstrom ist. Es kann vorkommen, daß im inneren Bereich des Radseitenraumes ω_{Fl} größere Werte als die Winkelgeschwindigkeit ω des Laufrads erreicht. Dann ist in diesem Bereich $\Delta\omega_{Laufrad}$ negativ; das Laufrad wird hier von der

Flüssigkeit im Radseitenraum nicht gebremst, sondern angetrieben, während $\Delta\omega_{\text{Gehäuse}}$ und damit auch das Reibungsmoment des Gehäuses größer wird.

Wenn - wie vorstehend beschrieben - der Drall des durchfließenden Fluids vermindert wird, ist $M_{\text{Radseitenfläche}} < M_{\text{Gehäusefläche}}$. In Gln. (7,7) und (7,7a) ist zwecks Berücksichtigung der Änderung von $\Delta\omega$ über dem Radius $\Delta\omega^2$ unters Integral zu setzen.

Bei einer solchen Durchströmung des Seitenraumes von außen nach innen benutzt man auch die Gln. (7,10) bis (7,13), wobei jedoch die Erfahrungszahl k entsprechend kleiner einzusetzen ist. Die Energie, die hier im Seitenraum durch Reibung in Wärme umgesetzt wird, wird nur zum Teil von der Radreibungsarbeit geliefert; den anderen Teil liefert die Drallenergie des in den Seitenraum eintretenden Spaltstromes.

Bei mehrstufigen, radialen Kreiselpumpen gibt es Radseitenräume, durch die ein Spaltstrom von innen nach außen fließt, der innen mit einer nur kleinen Umfangskomponente eintritt. Bei der dann durch den Radseitenraum fließenden Strömung wird der Drall vergrößert und es ist $M_{\text{Radseitenfläche}} > M_{\text{Gehäusefläche}}$.

7.3. Axialschub und sein Ausgleich

Auf das in Abb. 7.5 dargestellte, langsamläufige Radialrad wirken in axialer Richtung die Druckkräfte F_{pI} und F_{pII} auf die Radseitenflächen. Infolge der Umlenkung der Meridianströmung aus der axialen in die radiale Richtung wirkt außerdem die Impulskraft $F_J = \rho \dot{V}_x c_{\text{omx}}$, die viel kleiner als die Druckkräfte F_{pI} und F_{pII} ist. Nimmt man die Richtung der Druckkraft F_{pI} als positiv an, so ergibt sich für den Axialschub F, d.h. für die Axialkraft, die das Laufrad auf die Welle ausübt,

$$F = F_{\text{pI}} - F_{\text{pII}} - F_J. \qquad (7,14)$$

Für die Druckkräfte F_p gilt

$$F_p = 2\pi \int_{r_i}^{r_2} (p - p_0)\, r\, dr \qquad (7,15)$$

mit p als dem Druck auf die betrachtete Radseitenfläche am Radius r und p_0 als dem Druck im Saugmund des Rades. Die Drücke auf die Radseitenflächen nehmen infolge der Fliehkraft durch das Kreisen des Wassers im Radseitenraum von außen nach innen ab. Das Kreisen und damit auch der Druckverlauf sind, wie in Abschn. 7.2 dargelegt wurde, von der Gestalt des Radseitenraums und auch von seiner Durchströmung abhängig. Bei einem schmalen Radseitenraum ohne Durchfluß mit etwa gleich großen und gleich rauhen Flächen des Laufrads und des Gehäuses würde in Gl.(7,8) etwa $J_{Gehäusefläche} \approx J_{Laufradfläche}$ und damit $\omega_{Fl} \approx 0,5\,\omega$. Meist ist jedoch die den Radseitenraum begrenzende Fläche des Gehäuses etwas größer und häufig auch etwas rauher als die des Laufrads. Für den Radseitenraum I (vgl. Abb.7.5) kann dann etwa $\omega_{Fl} \approx 0,4\,\omega$ angenommen werden.

Der Druck $p(r)$ in den Radseitenräumen ist am Außenradius r_2 des Laufrads gleich dem Druck p_3 am Laufradaustritt und nimmt, wenn ω_{Fl} = const ist, nach innen gemäß

$$p\,(r) = p_3 - \rho\,\omega_{Fl}^2\,\frac{r_2^2 - r^2}{2} \qquad (7,16)$$

parabolisch ab. Durch Einsetzen von Gl.(7,16) in Gl.(7,15) ergibt sich

$$F_p = \rho\,\pi\,(r_2^2 - r_i^2)\left(\frac{p_3 - p_0}{\rho} - \omega_{Fl}^2\,\frac{r_2^2 - r_i^2}{4}\right), \qquad (7,17)$$

wobei $(p_3 - p_0)/\rho = Y_{Sp}$ die in Abschn.2.4 behandelte spez. Spaltdruckarbeit ist (vgl. Gl.(2,20)), deren Berechnung hier mittels Gl.(2,25) ausreichend genau ist.

Wie in Abschn.7.2 gezeigt wurde, bewirkt ein Durchfluß durch den Radseitenraum eine Änderung von ω_{Fl} mit dem Radius. Dann gelten Gl.(7,16) und (7,17) nicht mehr. Wegen der erwähnten Schwierigkeit einer Berechnung von ω_{Fl} ist es jedoch zweckmäßig, für die Berechnung des Axialschubs vereinfachend und auch hier eine mittlere, über dem Radius konstante Winkelgeschwindigkeit der Flüssigkeit im Radseitenraum einzuführen. Diese muß man bei einem von außen nach innen durchflossenen Radseitenraum, also beim saugseitigen Radseitenraum II (Abb.7.5), mit erheblich größeren Werten ansetzen als für einen nicht durchflossenen Radseitenraum. Bei normaler Weite des Dichtspalts kann etwa $\omega_{Fl\,II} = 0,8\,\omega$, bei größerer Spaltweite etwa $\omega_{Fl\,II} = 1,0\,\omega$ angesetzt werden (mit Index II für Werte im saugseitigen Radseitenraum II). Bei einem von innen nach außen durchflossenen Radseitenraum ist ω_{Fl} kleiner als bei einem nicht durchflossenen Radseitenraum.

Abb.7.6 zeigt den gemessenen Axialschub F des in Abb.7.5 dargestellten Kreiselpumpenlaufrads in Abhängigkeit vom Förderstrom $\dot{V}_x$ bei verschiedenen Spaltweiten s des zylindrischen Ringspalts (R in Abb.7.5). Wie vorstehend erklärt wurde, bewirkt der mit vergrößerter Spaltweite vergrößerte Spaltstrom $\dot{V}_{sp}$ eine höhere Winkelgeschwindigkeit ω_{Fl} des Wassers im saugseitigen Radseitenraum, damit eine Senkung der Druckkraft $F_{p\,II}$ und daher eine Vergrößerung des Axialschubs F. Die Änderung des Axialschubs mit dem Förderstrom ist darauf zurückzuführen, daß sich abhängig vom Förderstrom die spezifische Stutzenarbeit Y_x (Abb.6.4 und 6.5) und damit die spezifische Spaltdruckarbeit $Y_{Sp} = (p_3 - p_0)/\rho$ ändert (vgl. Gln.(7,17), (2,20) und (2,25)). Zu beachten hat man hierbei, daß dieser größere Spaltdruck den Axialschub nicht nur unmittelbar, sondern auch mittelbar erhöht, weil der Spaltstrom und damit $\omega_{Fl\,II}$ im saugseitigen Radseitenraum II größer wird. Bei Teillast ist daher der Axialschub erheblich größer als beim Berechnungsförderstrom. Der Punkt B in Abb.7.6 zeigt

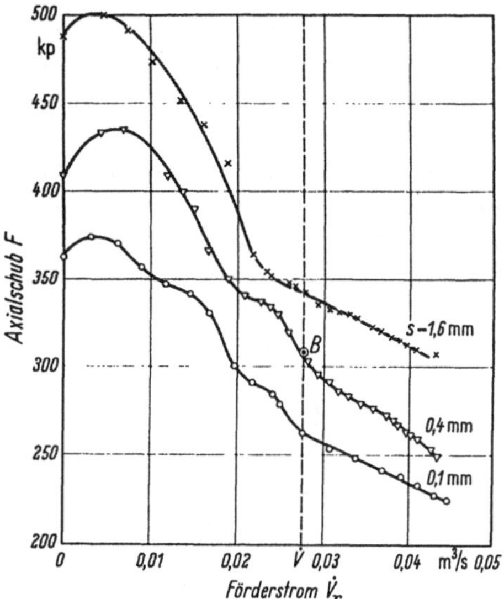

Abb.7.6. Axialschub F einer radialen Kreiselpumpe nach Abb.7.5 in Abhängigkeit vom Förderstrom V_x und von der Spaltweite s bei Wasserförderung. Außenradius r_2 = 100 mm, Drehzahl n = 42,5 U/s, Ringspalt von der Weite s am Radius r_{sp}; der Punkt B kennzeichnet den für den Berechnungs-Förderstrom $\dot{V}$ berechneten Axialschub. (nach A. Stache: Diss. T.U. Braunschweig 1969).

den für den Berechnungsförderstrom $\dot{V}$ der Pumpe nach Gl.(7,14) bis (7,17) berechneten Axialschub. Dabei wurden für den druckseitigen Radseitenraum $\omega_{Fl\,I}$ = 0,4 ω und für den saugseitigen Radseitenraum $\omega_{Fl\,II}$ = 0,8 ω angenommen. Eine große Beeinflussung der Winkelgeschwindigkeit ω_{Fl} der Flüssigkeit im Radseitenraum und damit des Axialschubs kann durch Rippen im Radseitenraum erreicht werden. Rippen an der Radwand im Radseitenraum I (sog. Rückenschaufeln) erhöhen die Winkelgeschwindigkeit $\omega_{Fl\,I}$ und vermindern damit die Druckkraft $F_{p\,I}$. Umgekehrt vermindern Gehäuserippen im Radseitenraum II die Winkelgeschwindigkeit $\omega_{Fl\,II}$ und erhöhen damit die Druckkraft $F_{p\,II}$. Durch jede dieser Maßnahmen kann man eine Verkleinerung, das heißt einen teilweisen Ausgleich des Axialschubs F (vgl. Gl.(7,14)) erreichen.

Eine weitere Möglichkeit, den Axialschub hydraulisch auszugleichen, ist die Anbringung eines zweiten Dichtungsspaltes a auf der Rückseite des Laufrades in Verbindung mit Löchern b in der Radwand (Abb.7.7). Wenn man die Löcher in der Radwand nicht anbringen kann (z.B. bei Verdichtern aus Gründen der Festigkeit), so muß durch eine besondere Leitung der Spaltstrom von der Laufradrückseite zum Saugmund des Laufrades geführt werden.

Ein Ausgleich des Axialschubes kann auch durch spiegelbildliche Anordnung von jeweils zwei Laufrädern oder Laufradgruppen (Abb.7.8) erreicht werden.

Bei mehrstufigen Strömungsmaschinen, die mit Gasen oder Dämpfen arbeiten, benutzt man häufig zum Ausgleich des Axialschubes aller Stufen einen Ausgleichskolben

(Abb.7.9). Die Stirnflächen des Ausgleichskolbens werden von verschieden großen Drücken beaufschlagt; die Abdichtung erfolgt am äußeren Umfang mittels einer zylindrischen Ringspaltdichtung (Abb.7.1 bis 7.4).

Bei den vorstehend besprochenen Möglichkeiten zum hydraulischen Ausgleich des Axialschubes wird der Axialschub nur teilweise ausgeglichen. Es bleibt ein Restschub übrig, der von dem Axiallager aufgenommen wird.

Den vollkommenen Ausgleich des Axialschubes kann man mit Hilfe einer Ausgleichsscheibe erreichen, die bei mehrstufigen Kreiselpumpen zur Wasserförderung häufig benutzt wird (Abb.7.10). Ein Axiallager ist hier nicht mehr notwendig, weshalb der

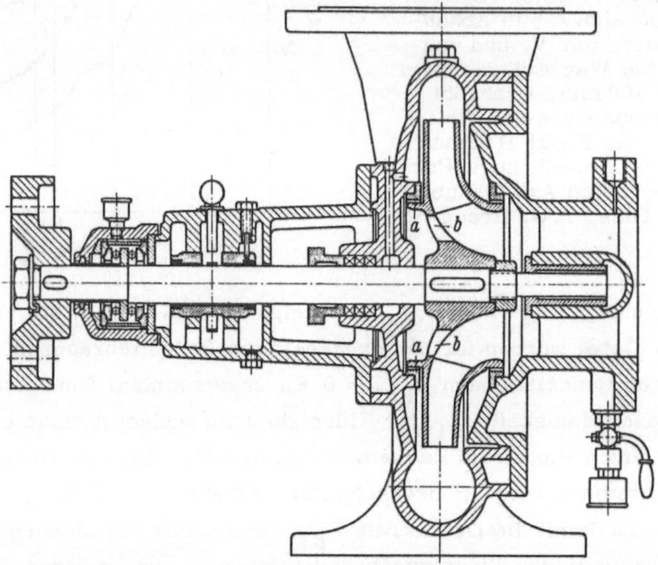

Abb.7.7. Einstufige Kreiselpumpe mit Ausgleich des Axialschubes durch einen zweiten Dichtspalt a und Löcher b.

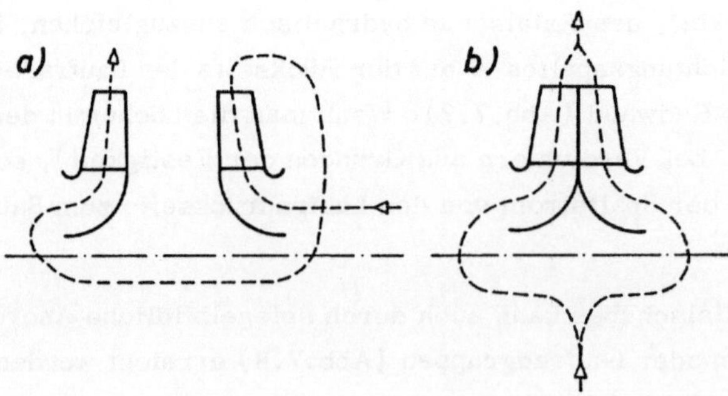

Abb.7.8. Spiegelbildliche Anordnung von 2 Laufrädern. a) hintereinander beaufschlagt, b) parallel beaufschlagt.

Läufer axial verschiebbar ist. Die Weite a des senkrecht zur Drehachse angeordneten Spaltes (Abb.7.10) ist somit veränderlich, während die Weite b des zylindrischen Spaltes (Abb.7.10) konstant bleibt. Verschiebt sich die Welle infolge des auf die Laufräder wirkenden Axialschubes nach links (Abb.7.10), verkleinert sich die Spaltweite a, weshalb der Druck p_A und damit die Druckdifferenz an der Ausgleichsscheibe wächst. Dieses geschieht so lange, bis der von den Laufrädern erzeugte Axialschub von der Ausgleichsscheibe aufgenommen wird. Die Wirkungsweise der Ausgleichsscheibe beruht also darauf, daß die veränderliche Spaltweite a verschieden große Spaltströme bewirkt, und daß sich deshalb in dem Raum zwischen dem konstant bleibenden Spalt b und dem veränderlichen Spalt a verschieden große Drücke p_A einstellen.

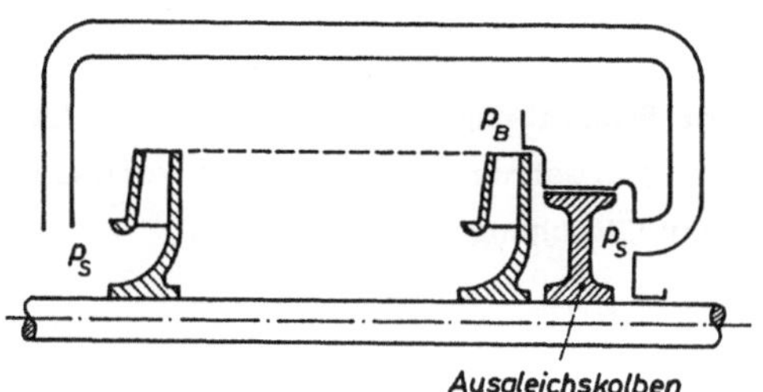

Abb.7.9. Ausgleich des Axialschubes durch einen Ausgleichskolben. p_S Druck im Saugstutzen; p_B Druck hinter dem Laufrad der letzten Stufe.

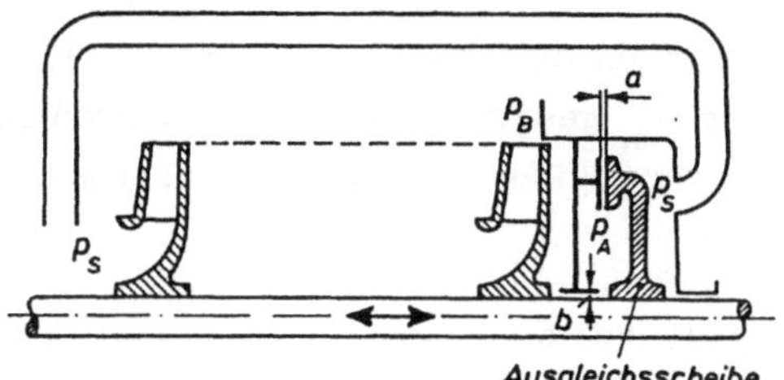

Abb.7.10. Ausgleich des Axialschubes durch eine Ausgleichsscheibe. p_S Druck im Saugstutzen; p_B Druck hinter dem Laufrad der letzten Stufe; p_A veränderlicher Druck; a veränderliche Spaltweite; b konstante Spaltweite.

7.4. Ventilationsverlust

Der Radreibungsverlust eines axial durchströmten Laufrades kann auch mittels Gl. (7,10) in Verbindung mit Gl.(7,11) berechnet werden, wobei als Reibungsflächen nur die Flächen zu berücksichtigen sind, die nicht zu den Schaufelkanälen des Laufrades gehören. Der in Gl.(7,10) einzusetzende Radaußendurchmesser D ist beim Axialrad der Außendurchmesser der Radscheibe, d.h. der in Abb.7.11 mit D_i bezeichnete Durchmesser der inneren Begrenzung der Laufschaufeln. Die axiale Er-

streckung der für die Radreibung maßgebenden zylindrischen Fläche am äußeren
Umfang der Radscheibe ist in Gl.(7,10) und in Abb.7.11 mit e_r bezeichnet.

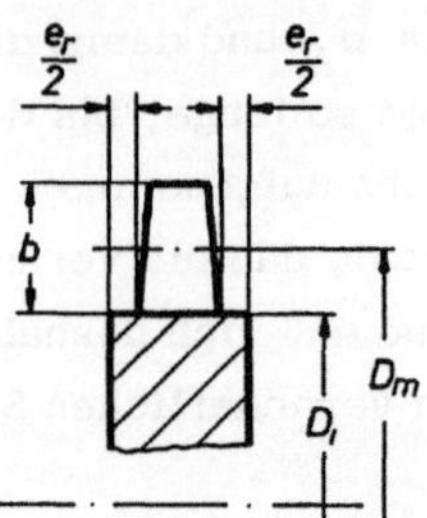

Abb.7.11. Axialrad

Dieser Radreibungsverlust bei axialen Laufrädern ist recht klein. Er wird häufig
bei der Berechnung der Verluste vernachlässigt oder grob angenähert berechnet
mit der Gleichung

$$P_r \approx 0{,}01 \; \rho \; n^3 \; D_m^{\;5} \tag{7,18}$$

wobei ρ die Dichte des Fluids, n die Drehzahl in U/s und D_m den in Abb.7.11
dargestellten mittleren Durchmesser der Beschaufelung bezeichnen. Gl.(7,18) erhält man aus den Gln.(7,10) und (7,11), wenn die Umfangsgeschwindigkeit
$u = n \, \pi \, D_m$ gesetzt wird und der zu groß eingesetzte Durchmesser D_m durch eine
entsprechend kleiner gewählte Erfahrungszahl k ausgeglichen wird.

Gl.(7,18) gilt für voll beaufschlagte Laufräder. In der Praxis kommt es gelegentlich vor, daß ein Laufrad leer umläuft, d.h., daß es nicht vom Arbeitsmedium beaufschlagt wird. Die Laufschaufeln eines solchen nicht beaufschlagten Laufrades
verursachen den Ventilationsverlust $P_r{}'$, für den näherungsweise gilt:

$$P_r{}' \approx k_1 \; \rho \; n^3 \; D_m^{\;4} \; b. \tag{7,19}$$

Dieser Ventilationsverlust ist proportional der Breite b der Laufschaufeln (vgl.
Abb.7.11). Die Erfahrungszahl k_1 kann gesetzt werden

  $k_1 \approx 3{,}8$ bei 1 Schaufelkranz,

  $k_1 \approx 4{,}5$ bei 2 Schaufelkränzen,

  $k_1 \approx 6{,}0$ bei 3 Schaufelkränzen.

Die übrigen Bezeichnungen in Gl.(7,19) entsprechen den Bezeichnungen in Gl.
(7,18).

Ein Vergleich der Größe der Erfahrungszahl k_1 mit dem Faktor 0,01 in Gl.(7,18)
zeigt, daß der Ventilationsverlust viel größer als der Radreibungsverlust ist.

Der Ventilationsverlust spielt beispielsweise eine Rolle bei Schiffsdampfturbinen.
Eine Dampfturbine hat im Gegensatz zu einer Kolbendampfmaschine nur eine Drehrichtung. Da ein Schiff aber auch rückwärts fahren muß, besitzen Schiffsdampfturbinen häufig eine Rückwärtsturbine, die im Abdampfstutzen der Vorwärtsturbine untergebracht ist. Bei Vorwärtsfahrt läuft die Rückwärtsturbine leer mit und
verursacht Ventilationsverluste. Da jedoch bei einer Schiffsturbine der Druck im
Abdampfstutzen wegen der guten Kühlung des Oberflächenkondensators beispielsweise nur 0,04 bar beträgt, ist die Dichte ρ des die Rückwärtsturbine bei Vorwärtsfahrt umgebenden Dampfes gering und somit der Ventilationsverlust erträg-
lich.

In Abschn.2.4 wurde erläutert, daß Gleichdruckturbinen wegen des gleichen Druk-
kes am Ein- und Austritt der Laufschaufelkanäle teilweise, d.h. partiell beaufschlagt werden können. Abb.7.12 zeigt ein partiell beaufschlagtes Laufrad einer
Gleichdruck-Dampfturbine, bei dem nur der durch den Winkel φ gegebene Bogen
beaufschlagt ist.

Daraus ergibt sich der Beaufschlagungsgrad ε

$$\varepsilon = \frac{\text{beaufschlagte Bogenlänge}}{\text{ganzer Umfang}} = \frac{\varphi^0}{360^0} \qquad (7,20)$$

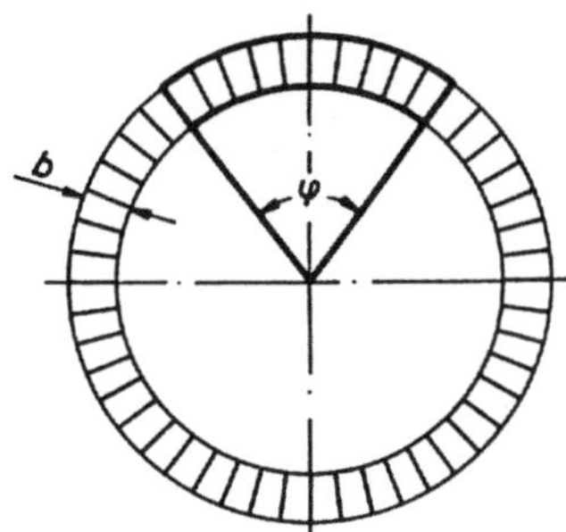

Abb.7.12. Partiell beaufschlagtes Axialrad.

Im nichtbeaufschlagten Teil eines partiell beaufschlagten Laufrades entstehen Ventilationsverluste. Bei der Berechnung des Radreibungs- und Ventilationsverlustes
P_r'' eines solchen Laufrades vernachlässigt man wegen seiner Kleinheit den in
Gl.(7,18) ausgedrückten Radreibungsverlust und berücksichtigt nur den Anteil des
Ventilationsverlustes in der Form

$$P_r'' = (1-\varepsilon)P_r' = (1-\varepsilon)\,k_1\,\rho\,n^3\,D_m^4\,b\,. \qquad (7,21)$$

Auch hier gelten die in Anschluß an Gl.(7,19) angegebenen Zahlenwerte für die Erfahrungszahl k_1.

Bei Dampfturbinen ist oft die erste Stufe als partiell beaufschlagte Gleichdruckstufe ausgeführt, weil dort wegen der großen Dichte ρ des Dampfes der Volumenstrom zur vollen Beaufschlagung der Stufe trotz klein ausgeführter Schaufelbreite b (vgl. Abb.2.24 und 7.12) zur vollen Beaufschlagung nicht ausreicht.

Die große Dichte ρ ergibt gemäß Gl.(7,21) einen erheblichen Ventilationsverlust P_r'', der jedoch für die Arbeitsleistung an der Turbinenwelle teilweise zurückgewonnen wird, was in Abschn.8.1 (vgl. Gl.(8,4)) behandelt wird.

Bei der Pelton-Wasserturbine (vgl. Abb.2.17) ist trotz partieller Beaufschlagung der Ventilationsverlust sehr, sehr klein, weil der nicht beaufschlagte Teil des Laufrades nicht im Arbeitsmedium Wasser sondern in Luft umläuft und die Dichte ρ der Luft nur etwa 1/1000 der Dichte des Wassers ist.

8. Besonderheiten thermischer Strömungsmaschinen

In Strömungsmaschinen, die mit einem kompressiblen Fluid arbeiten und bei denen
die Kompressibilität des Fluids bei der Auslegung der Maschine beachtet werden muß,
treten nennenswerte Temperaturunterschiede auf; man nennt sie deshalb thermische
Strömungsmaschinen. Die Besonderheiten dieser Maschinen gegenüber den hydraulichen Strömungsmaschinen, die mit einem inkompressiblen Fluid arbeiten, werden
nun besprochen.

8.1. Mehrarbeitsbeiwert

Wir betrachten das in Abb.8.1 dargestellte p,v-Diagramm eines mehrstufigen, ungekühlten Verdichters (vgl. hierzu auch Abb.1.9b). Falls der Verdichter verlustlos

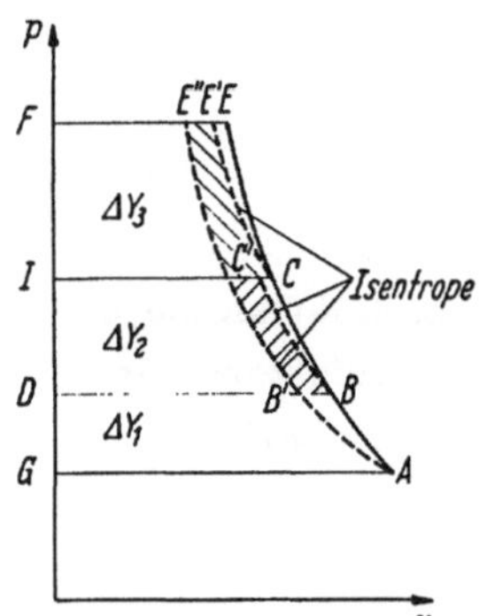

Abb.8.1. p,v-Diagramm eines dreistufigen, ungekühlten
Verdichters.
- - - - Isentrope = isentrope Zustandsänderungen.

und wärmeisoliert arbeiten würde, hätten wir eine isentrope Zustandsänderung (AE"
in Abb.8.1). Durch diesen Kurvenverlauf sind die Flächen begrenzt, die die spezifischen Stufenarbeiten des verlustlosen Verdichters darstellen.

In Wirklichkeit arbeitet ein ungekühlter Verdichter fast wärmeisoliert, aber nicht verlustlos, sondern mit inneren Verlusten, die das Fluid aufheizen und damit bei kompressiblem Fluid den Volumenstrom vergrößern. Die inneren Verluste, die in der ersten
Stufe des betrachteten mehrstufigen, ungekühlten Verdichters entstehen, bewirken,
daß die Verdichtung in der zweiten Stufe nicht im Punkte B' sondern im Punkt B be-

ginnt. Dies hat zur Folge, daß beim wirklichen, reibungsbehafteten Verdichter, die Fläche im p,v-Diagramm zur Berechnung der spezifischen Stufenarbeit ΔY_2 durch die Kurve BC' (Abb.8.1) begrenzt ist. Sinngemäß verschiebt sich der Anfangspunkt für die Verdichtung in der dritten Stufe durch die inneren Verluste in der zweiten Stufe von C' nach C.

Die Vergrößerung der Flächen zur Bestimmung der spezifischen Stufenarbeiten, die durch die inneren Verluste in den vorhergehenden Stufen enststanden ist, ist in Abb. 8.1 schraffiert. Es ist

$$\Sigma \Delta Y > Y; \qquad \Sigma \Delta Y = \mu Y, \tag{8,1}$$

wobei Y die spez. Stutzenarbeit (Fläche AE''FG) für die gesamte Maschine und ΔY die spez. Stufenarbeiten (z.B. für die zweite Stufe Fläche BC' JD) sind und μ der durch die inneren Verluste verursachte Mehrarbeitsbeiwert ist.

Da aber die gesamte innere Arbeit die Summe der inneren Stufenarbeiten darstellt

$$Y_i = \Sigma \Delta Y_i, \tag{8,2}$$

ist bei einem mehrstufigen, ungekühlten Verdichter der innere Gesamtwirkungsgrad schlechter als die inneren Stufenwirkungsgrade. Unter der Annahme, daß alle Stufen den gleichen inneren Stufenwirkungsgrad $(\eta_i)_{st}$ haben, ergibt sich für den inneren Gesamtwirkungsgrad $(\eta_i)_{ges}$ für Verdichter

$$(\eta_i)_{ges} = \frac{1}{\mu}(\eta_i)_{st}. \tag{8,3}$$

Bei Verdichtern ist meist $\mu \approx 1,01$ bis $1,03$, wobei der untere Bereich für kleinere Druckverhältnisse und der obere Bereich für die bei mehrstufigen Verdichtern vorkommenden größeren Druckverhältnisse gilt. Bei gekühlten Verdichtern wird durch das Kühlwasser auch die Reibungswärme abgeführt, weshalb dort die vorstehenden Überlegungen nur für die ungekühlten Stufengruppen gelten.

Auch bei thermischen Turbinen (z.B. Dampfturbinen) werden durch die inneren Verluste in den vorhergehenden Stufen die spez. Stufenarbeiten der nachfolgenden Stufen vergrößert. Auch dort gilt Gl.(8,1). Während aber bei Verdichtern diese Mehrarbeit unerwünscht ist, ist sie für Turbinen erwünscht. So bringen innere Verluste, die in den ersten Stufen einer Dampfturbine entstehen, eine Mehrarbeit in den letzten Stufen. Die inneren Verluste, die in den ersten Stufen einer Turbine entstehen, können also in den letzten Stufen teilweise zurückgewonnen werden. Da für Turbinen auch Gl. (8,2) gilt, ist bei Turbinen der innere Gesamtwirkungsgrad besser als die inneren Stufenwirkungsgrade. Unter der Annahme eines gleichbleibenden inneren Stufenwirkungsgrades gilt für Turbinen

$$(\eta_i)_{ges} = \mu(\eta_i)_{st}.$$

$$(8,4)$$

In Kondensationsdampfturbinen, die mit hohen Frischdampfdrücken und hohen Frischdampftemperaturen ohne Zwischenüberhitzung arbeiten, können Werte $\mu = 1,1$ erreicht werden. Der Mehrarbeitsbeiwert μ wird umso kleiner, je kleiner das ohne Zwischenüberhitzung verarbeitete Gefälle ist. Bei Gegendruckdampfturbinen ist oft $\mu \approx 1,03$.

Eine genaue Berechnung des Mehrarbeitsbeiwertes μ ist für Verdichter und Turbinen möglich (vgl. hierzu [3, S. 501]).

8.2. Ungekühlte Verdichter

Ungekühlte Verdichter sind Ventilatoren und Turbogebläse.

Ventilatoren erzeugen nur sehr geringe Förderdrücke mit Druckverhältnissen $p_D/p_S < 1,1$. Bei diesen kleinen Druckverhältnissen ist die Dichteänderung des Fluids vernachlässigbar klein, weshalb Ventilatoren hinsichtlich der strömungstechnischen Betrachtung wie hydraulische Strömungsmaschinen behandelt werden. Eine weitere Besprechung der Ventilatoren ist deshalb hier nicht notwendig.

Turbogebläse arbeiten mit Druckverhältnissen $p_D/p_S \approx 1,1$ bis 4. Wir wollen klären, bis zu welchen Druckverhältnis ein solcher Verdichter noch einstufig ausgeführt werden kann.

Das wichtigste Kriterium ist hier die durch die Fliehkraftbeanspruchung begrenzte Umfangsgeschwindigkeit u_2 des Laufrades. Für Laufräder aus Stahl mit rückwärts gekrümmten Schaufeln ($\beta_2 < 90^\circ$) kann die für den Normalbetrieb maximal zulässige Umfangsgeschwindigkeit $u_2 = 300$ m/s angenommen werden. Damit errechnet sich für einen einstufigen Radialverdichter mit einer Druckzahl $\Psi = 1,3$ (vgl. hierzu Gln.(2,28) und (2,38)) eine spez. Stutzenarbeit

$$Y = \Psi \frac{u_2^2}{2} = 1,3 \frac{300^2}{2} = 58\,500 \ \text{m}^2/\text{s}^2.$$

$$(8,5)$$

Mit $Y = \Delta h_p = \Delta h_s$ (vgl. Gl.(1,10)) errechnet sich für den Betrieb mit Luft bei einer Ansaugetemperatur $t_S = 20^\circ C$ mittels Gl.(1,14) das Druckverhältnis des hier betrachteten einstufigen Radialverdichters zu

$$p_D/p_S = 1,87 \approx 1,9.$$

$$(8,6)$$

Bei Sonderkonstruktionen mit Laufrädern aus Titanlegierungen und Schaufelwinkel $\beta_2 = 90°$ können erheblich größere Umfangsgeschwindigkeiten (bis etwa $u_2 = 600\,\text{m/s}$) und größere Druckzahlen und damit einstufig Druckverhältnisse p_D/p_S bis 6 erreicht werden.

Werden größere Druckverhältnisse gefordert, so muß auf einen mehrstufigen Verdichter übergegangen werden. In der Regel ist dies der Fall, wenn das geforderte Druckverhältnis den in Gl.(8,6) angegebenen Grenzwert von etwa 1,9 überschreitet.

Die in Abschn.1.4 angegebenen Gleichungen gelten auch für mehrstufige Maschinen. Wenn für den mehrstufigen Verdichter der Druck p_S und die Temperatur t_S im Saugstutzen und der Druck p_D im Druckstutzen gegeben sind, kann man für ein Gas mit $c_p = \text{const}$ den isentropen Zustandsverlauf in ein für das Gas (z.B. Luft) gültiges T,s-Diagramm eintragen (vgl. hierzu Abb.1.10a und 8.2). Unter der Annahme $Y = \Delta h_s$ ist

$$\Delta t_s = Y/c_p. \tag{8,7}$$

Wenn nun der innere Wirkungsgrad $(\eta_i)_{ges}$ für den gesamten, mehrstufigen, ungekühlten Verdichter geschätzt wird (vgl. hierzu Gl.(8,3)), kann die wirkliche Temperaturänderung

$$\Delta t = \Delta t_s/(\eta_i)_{ges} \tag{8,8}$$

errechnet werden. Wir tragen Δt in das T,s-Diagramm (Abb.8.2) ein und erhalten so den wirklichen Zustandsverlauf AE.

Mit Hilfe der Druckzahl Ψ, die wir bei Radialverdichtern gemäß Gl.(2,38) zu $\Psi = 1,0$ bis 1,3 schätzen, und der Umfangsgeschwindigkeit $u_{2\,max}$, die wir als oberen Grenzwert für die von uns gewählte Laufradkonstruktion annehmen, legen wir die für unsere Konstruktion maximal zulässige spezifische Stufenarbeit

$$\Delta Y_{max} = \Psi \frac{u_{2\,max}^2}{2} \tag{8,9}$$

fest.

Für einen mehrstufigen ungekühlten Radialverdichter ist es zweckmäßig, für alle Stufen eine gleichbleibende spezifische Stufenarbeit ΔY zu wählen. Dies hat den Vorteil, daß gleichbleibende Raddurchmesser und gleichbleibende Schaufelwinkel verwendet werden können. Nur die Radbreiten der einzelnen Stufen verkleinern sich proportional zum Volumenstrom. Diese Verkleinerung des Volumenstroms ergibt sich aus der durch die Drucksteigerung verursachten Änderung der Dichte ρ. Die Radbreite in der letzten Stufe sollte nicht zu klein werden, weshalb die erste Stufe als Radialrad mit reichlicher Radbreite auszuführen ist.

Die (ganzzahlige) Stufenzahl i und die tatsächlich ausgeführte spez. Stufenarbeit ΔY ergibt sich aus

$$i = \frac{\mu Y}{\Delta Y} \, . \tag{8,10}$$

In Gl.(8,10) bezeichnen μ den Mehrarbeitsbeiwert (vgl. Abschn.8.1) und Y die spez. Stutzenarbeit des mehrstufigen, ungekühlten Verdichters.

Im T,s-Diagramm (Abb.8.2) teilen wir die Strecke AE in i untereinander gleich große Strecken ein. So erhalten wir die für die einzelnen Stufen unterein-

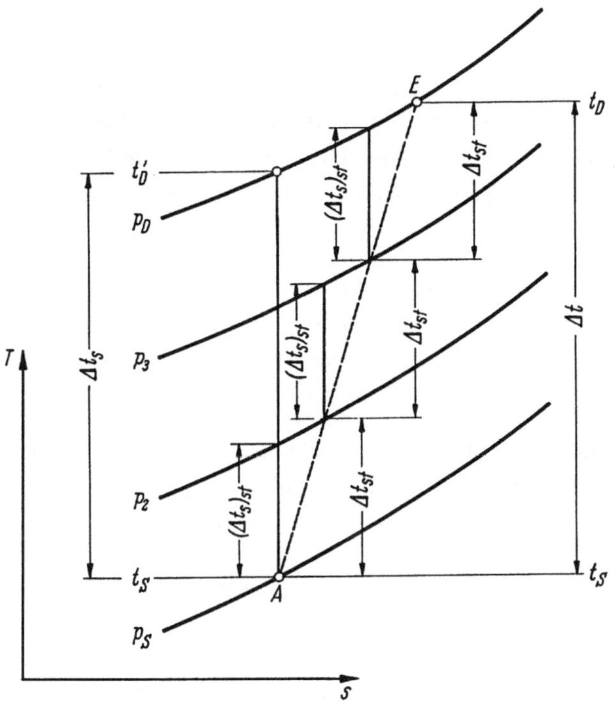

Abb.8.2. T,s-Diagramm eines dreistufigen, ungekühlten Verdichters mit gleichen spez. Stufenarbeiten.

ander gleich großen Temperaturänderungen Δt_{st}. Bei dieser vereinfachten Betrachtungsweise (der Zustandsverlauf AE wurde im T,s-Diagramm als Gerade gezeichnet) ergeben sich für die einzelnen Stufen isentrope Temperaturänderungen $(\Delta t_s)_{st}$, die untereinander annähernd gleich groß sind. Die inneren Wirkungsgrade in den Stufen $(\eta_i)_{st}$ erhalten wir aus

$$(\eta_i)_{st} = (\Delta t_s)_{st}/\Delta t_{st} \, . \tag{8,11}$$

Die Zwischendrücke (in Abb.8.2 mit p_2 und p_3 bezeichnet) können aus dem T,s-Diagramm entnommen oder (vgl. Gl.(1,14)) aus dem Druckverhältnis jeder einzelnen Stufe

$$\frac{p_{n+1}}{p_n} = \left(\frac{(\Delta t_s)_{st}}{T_n} + 1 \right)^{\frac{\varkappa}{\varkappa-1}}$$

(8,12)

berechnet werden. Hierbei bezeichnet T_n die absolute Temperatur zu Beginn der betrachteten Stufe.

8.3. Gekühlte Verdichter

Wenn das Druckverhältnis p_D/p_S eines mehrstufigen Verdichters größer als etwa 3 bis 4 ist, ist die Kühlung des Verdichters zum Zwecke einer Arbeitsersparnis zweckmäßig. Manchmal (z.B. im Bergbau) darf die vom Verdichter gelieferte Druckluft bestimmte Temperaturen aus betrieblichen Gründen (z.B. zur Verringerung der Explosionsgefahr) nicht überschreiten. Auch dies kann der Grund für die Kühlung des Verdichters sein.

Die Größe der durch Kühlung erzielten Arbeitsersparnis kann man anschaulich erkennen, indem man die Arbeitsdiagramme für die ungekühlte, und für die gekühlte Verdichtung im p,v-Diagramm einzeichnet. Die Arbeitsersparnis ist dann gleich der Flächendifferenz.

Die Größe der bei Kühlung (z.B. an das Kühlwasser) abzuführenden Wärmemenge kann man mit Hilfe des ersten Hauptsatzes der Thermodynamik abschätzen. Ist bei dem zu fördernden Gas c_p = const, so ist nach dem ersten Hauptsatz

$$Y_i = c_p(t_D - t_S) + q.$$

(8,13)

Hier bezeichnen (vgl. Gln.(1,21) und (1,22)) Y_i die innere spez. Arbeit, c_p die spez. Wärme bei konstantem Druck (bei Luft ist etwa c_p = 1005 J/kg K), t_D bzw. t_S die Temperaturen des Gases im Druck- bzw. Saugstutzen und q die Wärmeabgabe an das Kühlwasser in Joule je kg gefördertes Gas. Bei vollkommener Kühlung ($t_D = t_S$) ist somit die gesamte an der Welle in das Innere des Verdichters übertragene Arbeit durch das Kühlwasser als Wärme abzuführen. Bei der praktisch ausgeführten Maschine wird eine vollkommene Kühlung meist nicht erreicht, so daß dort die Wärmeabgabe an das Kühlwasser entsprechend geringer ist.

Früher benutzte man Verdichter mit Innenkühlung, bei denen Bauteile (z.B. die Leitschaufeln) im Inneren des Verdichters vom Kühlwasser durchströmt wurden. Die so erzielbaren Kühlflächen sind gering, weshalb Verdichter mit Innenkühlung in der Praxis kaum anzutreffen sind.

Das übliche Kühlverfahren ist die Außenkühlung, bei der das Fördergas zwischen einzelnen Stufen in Oberflächenkühlern gekühlt wird. In diesen außerhalb des eigentlichen Maschinengehäuses liegenden Oberflächenkühlern können große Kühlflächen untergebracht werden. Auch lassen sich die Kühlflächen in diesen Kühlern (im Gegensatz zu den Kühlflächen bei Innenkühlung) leicht reinigen.

8.4. Besonderheiten der Dampfturbinen

Eine normale Kraftwerksdampfturbine habe z.B. einen Frischdampfdruck p_D = 100 bar, eine Frischdampftemperatur t_D = 540°C und einen Druck im Abdampfstutzen p_S = 0,05 bar.

Mit diesen Betriebsdaten ergibt sich aus dem h,s-Diagramm (vgl. Abschn. 1.4) eine spez. Stutzenarbeit Y = 1400 kJ/kg = 1400 000 m^2/s^2. Dies ist ein sehr, sehr hoher Wert, was man sofort erkennt, wenn man Vergleiche mit anderen Strömungsmaschinen anstellt. So hat beispielsweise eine Wasserturbine in einem Flußwasserkraftwerk bei einer Fallhöhe H = 5 m eine spez. Stutzenarbeit Y = g H $\approx$ 50 m^2/s^2, also nur etwa $^1/_{28000}$ des Wertes der Dampfturbine. Für eine Pelton-Turbine (vgl. Abb. 2.17 und 2.18) mit der recht großen Fallhöhe H = 1000 m ist Y = gH = 9810 m^2/s^2 auch nur $^1/_{140}$ des Wertes der Dampfturbine.

Die besondere Größe der spez. Stutzenarbeit der Dampfturbine erkennt man auch aus dem Druckverhältnis p_D/p_S = 100/0,05 = 2000. Im Vergleich hierzu sei erwähnt, daß mehrstufige Verdichter maximal etwa ein Druckverhältnis von 10, also nur etwa $^1/_{200}$ des Wertes von Dampfturbinen haben.

Aus dem h,s-Diagramm kann für die oben angegebenen Betriebsdaten das spezifische Volumen an der Druckseite v_D = 0,034 m^3/kg und an der Saugseite v_S $\approx$ 26 m^3/kg entnommen werden. Wenn man annimmt, daß die Dampfturbine nicht angezapft wird und somit der Massestrom in der ersten und letzten Stufe gleich groß ist, ist der Volumenstrom in der letzten Stufe 26/0,034 = 770mal größer als in der ersten Stufe. Auch dies ist ein extrem hoher Wert. Bei mehrstufigen Gasturbinen und auch bei mehrstufigen Verdichtern werden maximal Volumenverhältnisse von etwa 10 erreicht.

Bei Dampfturbinen hat man also die schwierige Aufgabe, eine riesige spez. Stutzenarbeit bei einem sich sehr stark ändernden Volumenstrom zu verarbeiten, wobei natürlich außerdem hohe Wirkungsgrade gefordert werden.

Die extrem große spez. Stutzenarbeit Y macht sowohl eine möglichst hohe Umfangsgeschwindigkeit der Laufschaufeln als auch die Mehrstufigkeit erforderlich. Als ideale Bauform bietet sich das Axialrad an,

1. weil dann die Laufschaufeln durch die Fliehkraft nur auf Zug (und nicht auf Biegung) beansprucht werden, was eine hohe Umfangsgeschwindigkeit ermöglicht,

2. weil hier gut eine große Zahl von Stufen hintereinander angeordnet werden kann und

3. weil das Axialrad (vgl. Abb.2.24) sowohl sehr kleine als auch sehr große spez. Drehzahlen und somit sehr kleine und auch sehr große Volumenströme beherrscht.

Bei Dampfturbinen gibt es zwei verschiedene Arten der Mehrstufigkeit:

a) <u>Stufenweise Verarbeitung des Druckgefälles (Druckstufen)</u>. Die Anwendung von Druckstufen ist bei allen Strömungsmaschinen möglich. Bei Kreiselpumpen, Turboverdichtern und Gasturbinen ist sie die einzige in der Praxis benutzte Möglichkeit einer mehrstufigen Maschine. Bei einer mehrstufigen Strömungsmaschine mit Druckstufen verarbeitet jede Stufe eine bestimmte spez. Stufenarbeit ΔY und damit einen bestimmten Druckunterschied Δp. Gemäß Gln.(8,1) und (8,10) ist

$$Y \approx \mu Y = \Sigma \Delta Y = i\, \Delta Y, \qquad\qquad (8,14)$$

wobei i die Zahl der Stufen ist, die untereinander die gleiche spez. Stufenarbeit ΔY haben, und μ den in Abschn.8.1 behandelten Mehrarbeitsbeiwert bezeichnet. Bei einem inkompressiblen Fluid ist $\mu = 1$.

Nachstehend wollen wir eine Dampfturbine mit i-Stufen gleichen Durchmessers (Index i) mit einer einstufigen Dampfturbine (Index I) vergleichen, wobei wir annehmen, daß beide Dampfturbinen die gleiche spez. Stutzenarbeit $Y \approx i\, \Delta Y$ mit gleicher Druckzahl

$$\Psi = \frac{2\, \Delta Y}{u_i^2} = \frac{2\, Y}{u_I^2} \qquad\qquad (8,15)$$

verarbeiten. Aus den Gln.(8,14) und (8,15) erhalten wir

$$u_I^2 \approx i\, u_i^2 \qquad\qquad (8,16)$$

oder

$$u_i \approx \frac{u_I}{\sqrt{i}} \qquad\qquad (8,17)$$

b) <u>Stufenweise Verarbeitung der Geschwindigkeit (Geschwindigkeitsstufen)</u>. Die nun besprochenen Geschwindigkeitsstufen finden nur bei Dampfturbinen Anwendung. Bei einer mehrstufigen Dampfturbine mit Geschwindigkeitsstufung wird der gesamte durch die spez. Stutzenarbeit Y gegebene Druckunterschied $p_D - p_S$ im Leitrad der ersten Stufe entspannt und die so entstandene hohe Dampfgeschwindigkeit in den einzelnen Laufschaufelgittern stufenweise herabgesetzt (vgl. Abb.8.3). Hinter den Düsen (Leitrad der ersten Stufe) herrscht konstanter statischer Druck. Wegen dieses Gleichdrucks kann eine Dampfturbine mit Geschwindigkeitsstufen partiell beaufschlagt werden.

Dampfturbinen mit Geschwindigkeitsstufung nennt man Curtis-Turbinen. Die absolute Strömungsgeschwindigkeit hinter den Düsen ist meist eine Überschallgeschwindigkeit,

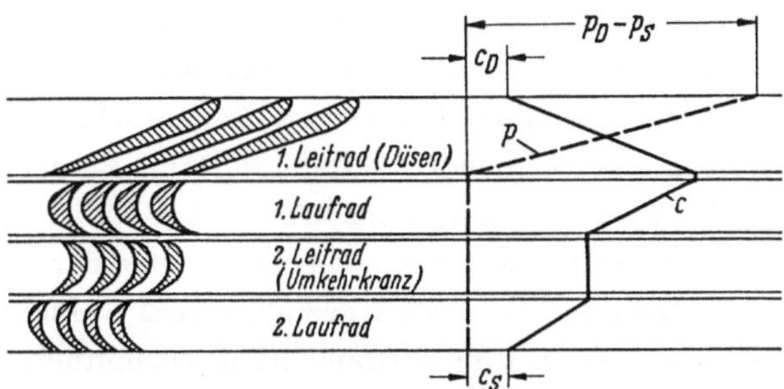

Abb.8.3. Beschaufelung und Druck- und Geschwindigkeitsverlauf einer 2-stufigen Dampfturbine mit Geschwindigkeitsstufung.

weshalb die Düsen (Leitschaufelkanäle der ersten Stufe) meist als Laval-Düsen ausgeführt sind (vgl. Abb.8.3).

Ein Vergleich einer einstufigen Dampfturbine (Index I) mit einer Dampfturbine mit j Geschwindigkeitsstufen (Index j) ergibt bei gleicher spez. Stutzenarbeit Y etwa

$$u_j \approx \frac{u_I}{j} \qquad (8,18)$$

Bei einem Vergleich der Gln.(8,17) und (8,18) erkennt man, daß durch die Geschwindigkeitsstufung die Umfangsgeschwindigkeit erheblich stärker herabgesetzt wird, bzw. daß bei einer durch die Fliehkraftbeanspruchung vorgegebenen Umfangsgeschwindigkeit eine Dampfturbine mit vorgegebener spez. Stutzenarbeit Y bei Geschwindigkeitsstufung erheblich weniger Stufen benötigt als bei Druckstufung. Es entsprechen

j Geschwindigkeitsstufen	$i = j^2$ Druckstufen
z.B. 2 Geschwindigkeitsstufen	4 Druckstufen
3 Geschwindigkeitsstufen	9 Druckstufen.

Bei einem solchen Vergleich ist jedoch zu beachten, daß eine Dampfturbine mit Geschwindigkeitsstufung einen erheblich schlechteren Wirkungsgrad als eine Dampfturbine mit Druckstufung hat. Dies ist vor allem darauf zurückzuführen, daß bei Geschwindigkeitsstufung die in der zweiten Stufe verarbeitete Energie durch die erste Stufe als Geschwindigkeitsenergie (mit erheblichen Reibungsverlusten) durchgebracht werden muß. Wegen dieser Verluste werden in der Praxis nur zweistufige (nicht aber dreistufige) Curtis-Räder verwendet.

8.5. Ausführungsformen der Dampfturbinen

In Abschn. 2.4 wurde anhand der Abb. 2.14 und 2.19 erklärt, daß es Gleichdruck-Dampfturbinen und Überdruck-Dampfturbinen gibt. Aus den Gln. (2,34), (2,37), (2,40) und (2,41) ergibt sich, daß bei gleicher (durch die Fliehkraftbeanspruchung vorgegebener) Umfangsgeschwindigkeit die spez. Stufenarbeiten bei einer Gleichdruck-Dampfturbine etwa doppelt so groß wie bei einer Überdruck-Dampfturbine mit $r = 0,5$ sind. Dies bedeutet, daß unter sonst gleichen Verhältnissen (gleiche spez. Stutzenarbeit Y, gleiche Umfangsgeschwindigkeit u_2) die Stufenzahl einer Überdruckdampfturbine etwa doppelt so groß wie die Stufenzahl einer Gleichdruck-Dampfturbine ist. Da außerdem in der Leitradbeschaufelung einer Gleichdruck-Dampfturbine ΔY voll und in der Leitradbeschaufelung einer Überdruck-Dampturbine ΔY nur zur Hälfte in Geschwindigkeit umgesetzt wird, ist die Druckdifferenz zwischen beiden Seiten der Leitradbeschaufelung bei der Gleichdruck-Dampfturbine etwa viermal so groß wie bei einer Überdruck-Dampfturbine. Dies bedeutet, daß bei einer Gleichdruck-Dampfturbine das Leitrad sorgfältig an einem möglichst kleinen Nabendurchmesser abgedichtet werden muß, während dies bei einer Überdruck-Dampfturbine nicht notwendig ist. Daraus ergibt sich die Kammerstufenbauart bei einer Gleichdruck-Dampfturbine und die Trommelbauart bei einer Überdruck-Dampfturbine (vgl. in den Abb. 8.4 und 8.5 den voll beaufschlagten Teil).

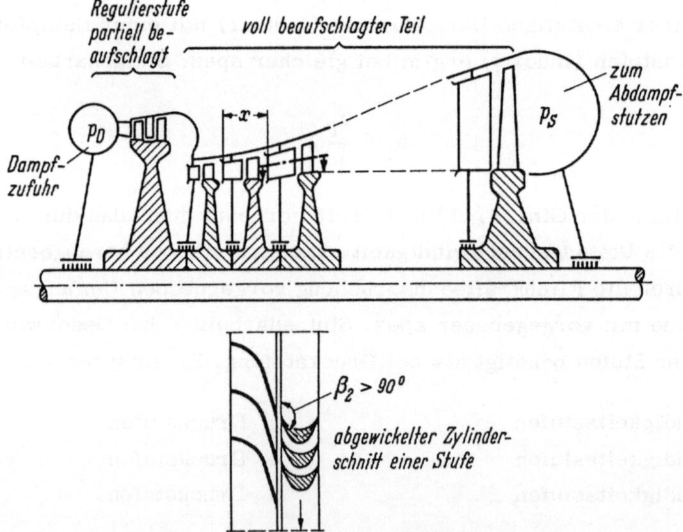

Abb.8.4. Schematische Darstellung einer Gleichdruck-Dampfturbine.

Die Herstellungskosten einer Stufe einer Gleichdruck-Dampfturbine sind wegen der dort nötigen Kammerbauart etwa doppelt so teuer wie die Herstellungskosten einer Stufe einer Überdruck-Dampfturbine in Trommelbauart, weshalb die Herstellungskosten bei beiden Bauarten für die gesamte Maschine etwa gleich groß sind. Vor dem voll beaufschlagten Teil wird sowohl bei Gleichdruck-Dampfturbinen als auch bei Überdruck-Dampfturbinen als Regulierstufe eine Gleichdruckturbine mit einer Stufe oder mit zwei Geschwindigkeitsstufen (Curtis-Rad) benutzt. Diese Regulierstufe ist nur partiell beaufschlagt (vgl. Abb.2.16a und b), wobei die Größe des Beaufschlagungs-

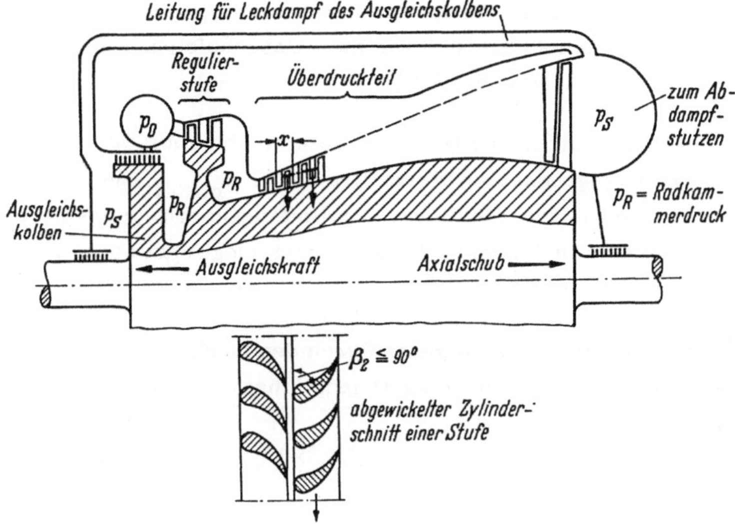

Abb.8.5. Schematische Darstellung einer Überdruck-Dampfturbine.

bogens der Belastung der Maschine, d.h. dem Dampfdurchsatz angepaßt wird. Dies geschieht in der Weise, daß die vor den Düsen der Regulierstufe eingebauten Regelventile nacheinander öffnen. Abb.8.6 zeigt in schematischer Darstellung die Dampf-

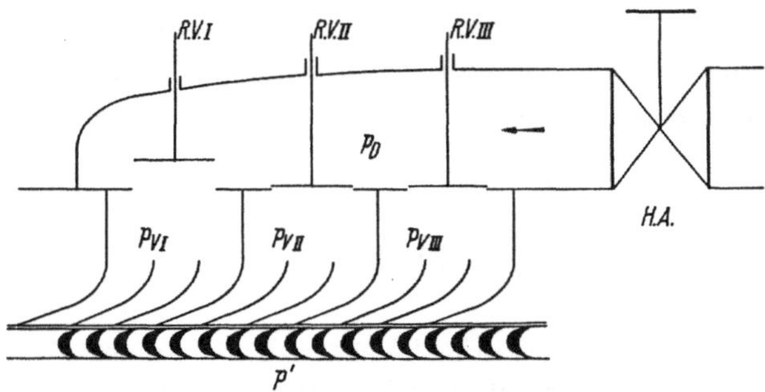

Abb.8.6. Schematische Darstellung der Dampfzuführung zu den Düsen der Regulierstufe einer Dampfturbine; H.A. Hauptabsperrventil; R.V.I, R.V.II, R.V.III Regelventile; p_D Frischdampfdruck; p_{V_I}, $p_{V_{II}}$, $p_{V_{III}}$ Drücke hinter Ventil und vor den Düsen; p' Druck in der Radkammer, d.h. nach der Regulierstufe.

zuführung zu den Düsen der Regulierstufe einer Dampfturbine bei kleiner Teillast, wobei das Regelventil R.V.I geöffnet ist, während die anderen Regelventile geschlossen sind.

Bei einer Gleichdruck-Dampfturbine (Abb.8.4) tritt nur ein geringer Axialschub auf, der ohne Schwierigkeit vom Spurlager aufgenommen werden kann. Bei einer Überdruck-Dampfturbine ist wegen des Druckunterschiedes an den Laufschaufelreihen der Axialschub erheblich und die Anwendung einer in Abschn.7.3 beschriebenen Vorrichtung zum Ausgleich des Axialschubes erforderlich. Man benutzt entweder Ausgleichskolben (Abb.8.5) oder man läßt den Axialschub von zwei Beschaufelungsteilen gegeneinander wirken (vgl. Abb.7.8 und [4, Abb.6.1.11]).

Aus der Gl.(2,39b) ergibt sich, daß bei einer Dampfturbine mit vorgegebener spez. Stutzenarbeit Y und vorgegebener mittlerer Druckzahl Ψ_{mittel} und Druckstufung ein bestimmter Wert Σu_2^2 erzielt werden muß. Die Umfangsgeschwindigkeit u_2 bei Betriebsdrehzahl eines Dampfturbinenläufers wählt man möglichst hoch, soweit es die Fliehkraftbeanspruchung zuläßt (vgl. hierzu S.97).

Die Umfangsgeschwindigkeit u_2 ist gegeben durch den Laufraddurchmesser D und die Drehzahl n. Man wählt bei Dampfturbinen D möglichst klein und damit n möglichst hoch, weil dadurch

1) die Turbine in ihren Abmessungen klein und damit leicht und preiswert ist,

2) die Radseitenflächen und damit die Radreibungsverluste klein bleiben und

3) die Spaltdurchmesser und damit die Spaltströme (vgl. Gl.(7,2)) klein bleiben.

Je kleiner der Laufraddurchmesser D gewählt wird, desto größer ist die Schaufelbreite b, da entsprechend der Kontinuitätsgleichung der örtliche Volumenstrom $\dot{V}$ mit einer in engen Grenzen festliegenden Meridiangeschwindigkeit c_m durch den Ringquerschnitt $\pi D b$ strömen muß. An der Austrittskante der letzten Stufe ist der Volumenstrom am größten, weshalb der kleinstmögliche Durchmesser D und damit die größtmögliche Drehzahl n durch die letzte Stufe festgelegt sind. Der Maximalwert für die Schaufelbreite b beträgt etwa (mit D_m = mittlerem Laufschaufeldurchmesser, vgl. Abb.2.24)

$$b_{max} = \frac{D_m}{3} \text{ bis } \frac{D_m}{5} . \qquad (8,19)$$

Eine Dampfturbine, bei der der in Gl.(8,19) angegebene Grenzwert in der letzten Stufe erreicht wird, wird als Grenzleistungsturbine bezeichnet.

Man muß bestrebt sein, Dampfturbinen stets als Grenzleistungsturbinen auszuführen. Daraus ergibt sich, daß die Turbinendrehzahl umso höher zu wählen ist, je kleiner der Volumenstrom in der letzten Stufe ist. Dieser Volumenstrom in der letzten Stufe hängt ab vom Massestrom und vom spez. Volumen des Dampfes, welches wiederum von dem im Saugstutzen der Dampfturbine herrschenden Dampfdruck bestimmt wird. Hohe Drehzahlen (20 000 U/min und mehr) haben kleine Gegendruckdampfturbinen. Die maximal

mögliche Drehzahl eines 50 Hz-Drehstromgenerators wird bei der Verwendung eines
Polpaares erreicht; sie beträgt 50 U/s = 3000 U/min. Wenn sich aus den oben angeführten Überlegungen eine Drehzahl von 5000 U/min oder mehr ergibt, wird bei Drehstromerzeugung von 50 Hz die Turbinendrehzahl so hoch ausgeführt und zwischen Turbine und
Generator ein Zahnradgetriebe zwischengeschaltet.

Ergeben die oben angeführten Überlegungen eine Turbinendrehzahl von weniger als
5000 U/min, so wählt man die Turbinendrehzahl gleich 3000 U/min, weil man dann
einen Drehstromgenerator mit einem Polpaar direkt durch die Turbine antreiben kann.
In Abb.8.7 sind für Dampfturbinen mit 3000 U/min die in der Praxis ausgeführten obe-

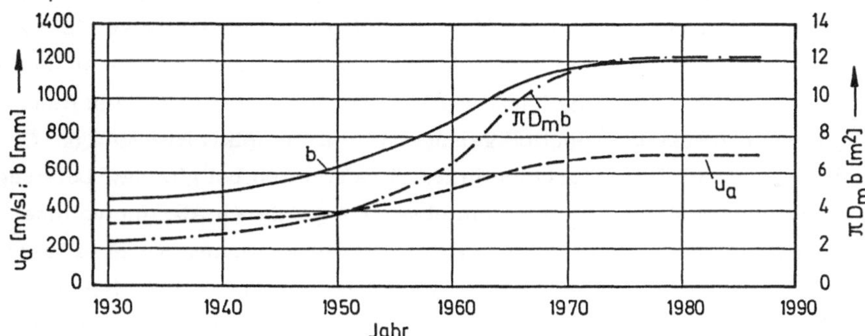

Abb.8.7. Obere Grenzwerte bei der Ausführung von Dampfturbinen für 50 U/s.

ren Grenzwerte für den Austrittsquerschnitt $\pi D_m b$, die Schaufelbreite b und die Umfangsgeschwindigkeit an den Laufschaufelspitzen u_a für die Jahre 1930 bis 1987 aufgetragen. Man erkennt, daß sich diese oberen Grenzwerte seit Anfang der 70-iger
Jahre kaum verändert haben.

Bei Kraftwerken zur Stromversorgung ist eine Verwertung des Abdampfes meist nicht
möglich; der aus der Turbine strömende Dampf wird dann in einem Kondensator nie-
dergeschlagen. Der Druck im Kondensator und somit im Saugstutzen der Turbine hängt
von der Güte und Stärke der Kühlung des Kondensators ab. Bei Kühlung mit Flußwasser
von 15°C wird etwa $p_S = 0,04$ bar und damit ein spez. Volumen des Abdampfes $v_S \approx$
≈ 31 m^3/kg erreicht. Steht jedoch nur in einem Kühlturm rückgekühltes Wasser von
27°C zur Verfügung, dann ist etwa $p_S = 0,075$ bar und $v_S \approx 17$ m^3/kg. Bei Flußwasserkühlung ist zwar bei gleich angenommenen Frischdampfverhältnissen wegen des klei-
neren Druckes p_S die der Turbine dargebotene spez. Stutzenarbeit Y etwas größer;
bei gleich angenommenem Volumenstrom am Ende der letzten Stufe ist aber bei Kühlturmbetrieb wegen des kleineren spez. Volumens der Massestrom erheblich größer.
Bei einer Drehzahl von 3000 U/min werden einflutige Dampfturbinen bei Flußwasserkühlung in der Praxis meist bis zu einer Leistung von etwa 100 MW und bei Kühlturmbetrieb etwa bis zu 200 MW gebaut. In Sonderfällen können unter Ausnutzung der in
Abb.8.7 angegebenen Grenzwerte bei einflutigen Maschinen etwa doppelt so hohe Leistungen (also 200 MW bzw. 400 MW) maximal erreicht werden.

Bei großen Leistungen wird der Niederdruckteil der Dampfturbine mehrflutig ausgeführt, wobei Einwellenanlagen bis zu 6-flutige und Zweiwellenanlagen bis 8-flutige Abdampfteile erhalten. Bei einer Drehzahl von 3000 U/min können bei Flußwasserkühlung (bzw. Kühlturmbetrieb) somit Einwellenanlagen bis etwa 1200 (bzw. 2400) MW und Zweiwellenanlagen bis etwa 1600 (bzw. 3200) MW ausgeführt werden. Dampfturbinen mit 1000 MW und darüber wurden bisher nur sehr selten gebaut, da ein Bedarf seitens der Kraftwerke für solch große Maschinen z.Z. noch kaum besteht. Normale Kraftwerkdampfturbinen haben oft Leistungen zwischen 300 und 600 MW.

Bei Drehstromerzeugung von 50 Hz braucht man wegen der Möglichkeit der mehrflutigen Ausführung die Drehzahl von 50 U/s = 3000 U/min normalerweise nicht zu unterschreiten. Eine Ausnahme bilden hier jedoch die Dampfturbinen großer Leistung in Kernkraftwerken. Frischdampfdruck und insbesondere die Frischdampftemperatur sind in Kernkraftwerken erheblich geringer als in Dampfkraftwerken mit Öl- oder Kohlefeuerung, weshalb Dampfturbinen in Kernkraftwerken bei gleicher Leistung und gleichen Kühlwasserbedingungen einen um etwa 60 % größeren Abdampfvolumenstrom als herkömmliche Dampfturbinenanlagen haben. Außerdem haben Kernkraftwerke aus Gründen der Wirtschaftlichkeit sehr große Leistungen je Maschineneinheit (z.Z. bis 1100 MW). Aus diesem Grunde benutzt man für diese Großturbinen in Kernkraftwerken meist eine Drehzahl von 25 U/s.

In den Ländern, die Drehstrom von 60 Hz benutzen (z.B. USA) liegen die entsprechenden Drehzahlen bei Stromerzeugern mit einem Polpaar bei 60 U/s = 3600 U/min. Dies bringt eine Verkleinerung der Grenzleistung auf fast $^2/_3$ gegenüber der Drehzahl von 50 U/s. Aus diesem Grunde ist dort der Übergang auf Stromerzeuger mit 2 Polpaaren, d.h. auf eine Drehzahl von 30 U/s entsprechend eher nötig.

Bei Frischdampfdrücken von über etwa 125 bar wird Zwischenüberhitzung angewandt. Dabei wird der Dampf zwischen dem Hochdruckteil und dem Niederdruckteil aus der Turbine heraus zum Dampfkessel geführt, wo er bei konstantem Druck auf eine Temperatur gebracht wird, die nur wenig unter der Frischdampftemperatur liegt. Nach dieser Zwischenüberhitzung strömt der Dampf wieder zur Turbine zurück.

Die Zwischenüberhitzung bewirkt eine Verbesserung des Gesamtwirkungsgrades und eine Verringerung der Dampfnässe in den letzten Stufen des Niederdruckteils.

Bei Schiffsdampfturbinen ist der Turbinenteil für die Vorwärtsfahrt ähnlich wie eine Kraftwerksdampfturbine aufgebaut. Wegen des bei Schiffen reichlich verfügbaren Kühlwassers kann der Druck p_S bei Schiffsdampfturbinen auf sehr kleine Werte heruntergedrückt werden. Zum Antrieb bei Rückwärtsfahrt besitzen Schiffsdampfturbinen eine Rückwärtsturbine, die im Abdampfstutzen der Vorwärtsturbine untergebracht ist und die bei Vorwärtsfahrt in verkehrter Drehrichtung leer umläuft. Die dabei entstehen-

den Ventilationsverluste sind wegen der geringen Dampfdichte im Abdampfstutzen sehr
gering. Bei Rückwärtsfahrt läuft die Vorwärtsturbine leer um. Wegen der geringen Be-
nutzungsdauer der Rückwärtsturbine ist ein besonders guter Wirkungsgrad nicht erforderlich. Um den Bauaufwand klein zu halten, versucht man mit möglichst wenig Stufen
auszukommen und benutzt deshalb für die Rückwärtsturbine meist zwei hintereinander
geschaltete Curtis-Räder (vgl. Gl.(8,18)).

8.6. Gasturbinen

Eine Gasturbine ist Teil einer Gasturbinenanlage. Abb.8.8 zeigt schematisch eine Gasturbinenanlage, die im offenen Kreislauf ohne Wärmeaustauscher arbeitet. Der Ver-

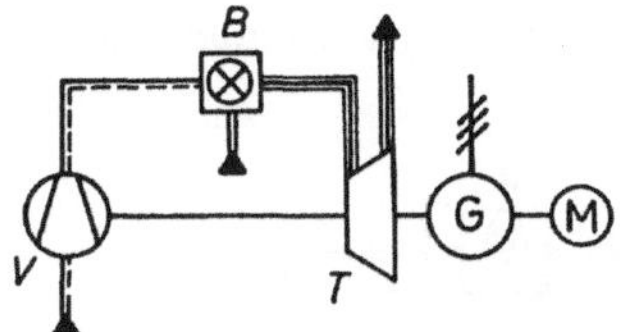

Abb.8.8. Schematische Darstellung einer Gasturbinenanlage mit offenem Kreislauf ohne Wärmeaustauscher. V = Verdichter; B = Brennkammer;
T = Turbine; M = Anwurfmotor; G = Generator.

dichter V saugt atmosphärische Luft an und verdichtet diese auf einen Druck von etwa
5 bis 15 bar. Diese Druckluft strömt zur Brennkammer B, in welche Brennstoff (z.B.
Heizöl) eingespritzt und verbrannt wird. Durch diese Verbrennung unter gleichblei-
bendem Druck steigt die Temperatur auf etwa 700°C bis 1200°C an. Das so entstandene Gas wird nun in der Turbine entspannt; das Abgas wird in die Atmosphäre ge-
blasen. Etwa 2/3 der Turbinenleistung wird zum Antrieb des Verdichters benötigt;
der Rest ist die Nutzleistung der Gasturbinenanlage und kann beispielsweise zum Antrieb des Generators G zur Stromerzeugung benutzt werden. Jede Gasturbinenanlage
besitzt außerdem einen Anwurfmotor M, durch den beim Start die Verdichter-Turbi-
nen-Welle auf die Startdrehzahl gebracht wird. Von der Startdrehzahl aus kann die
Gasturbinenanlage ohne Belastung auf die Betriebsdrehzahl hoch fahren.

Den Verlauf des soeben beschriebenen Gasturbinenprozesses im T,s-Diagramm zeigt
Abb.8.9. Darin sind die Zustandspunkte folgendermaßen bezeichnet: 1 atmosphärische

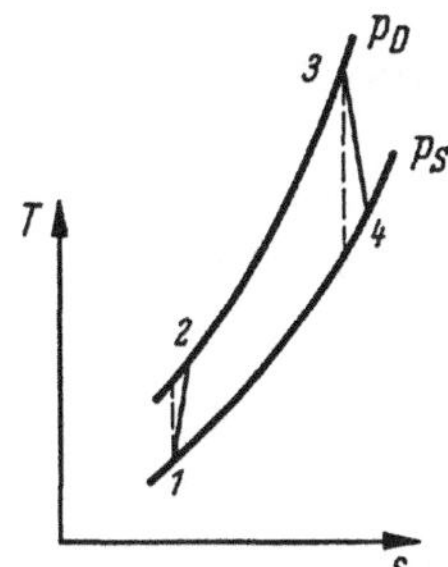

Abb.8.9. T,s-Diagramm einer Gasturbinenanlage.
p_S = atm. Druck; p_D = Druck zwischen Verdichter
und Turbine.

Luft vor dem Verdichter; 2 verdichtete Luft zwischen Verdichter und Brennkammer;
3 Gas zwischen Brennkammer und Turbine; 4 in die Atmosphäre ausgeblasenes Abgas. Der Gesamtwirkungsgrad (Kupplungsleistung/Energie des Brennstoffs) der vorstehend beschriebenen Gasturbinenanlagen beträgt etwa 24 bis 31%. Die oberen Werte
gelten für Anlagen mit einer elektrischen Nutzleistung $P_{el} > 50$ MW und Gastempera-
turen vor der Turbine von über 1000 °C.

Dieser Gesamtwirkungsgrad kann durch Einbau eines Wärmeaustauschers gesteigert
werden. Der Wärmeaustauscher überträgt soweit als möglich die im Abgas enthalte-
ne Wärme auf die verdichtete Luft. Abb.8.10 zeigt schematisch eine Gasturbinenanlage, die im offenen Kreislauf mit Wärmeaustauscher arbeitet.

Bei Gasturbinenanlagen, die im geschlossenen Kreislauf arbeiten, wird das Abgas der
Turbine vom Verdichter angesaugt, nachdem es (vgl. Abb.8.11) im Wärmeaustauscher

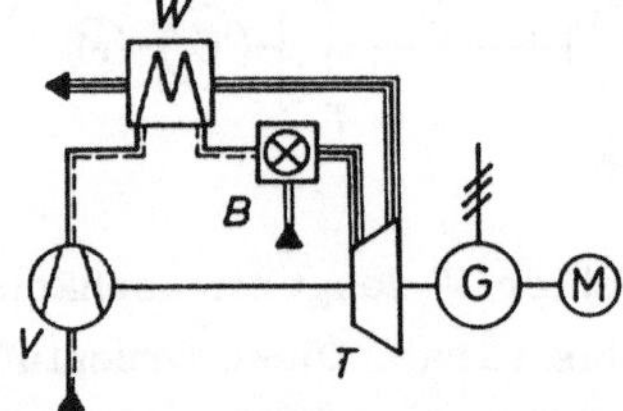

Abb.8.10. Schematische Darstellung einer Gasturbinenanlage mit offenem Kreislauf und mit Wärmeaustauscher. W = Wärmeaustauscher; die anderen Bezeichnungen vgl. Abb.8.8.

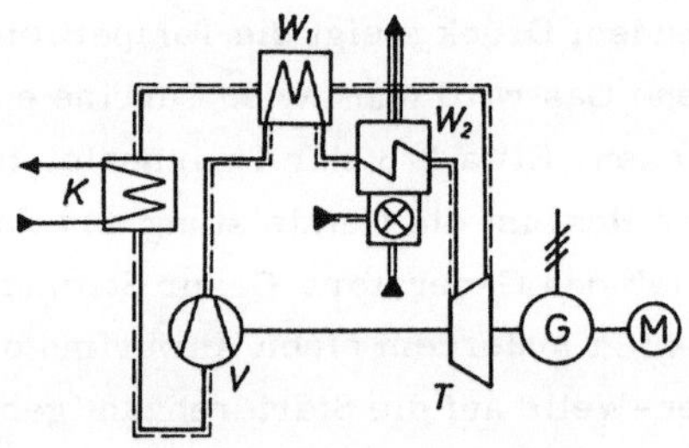

Abb.8.11. Schematische Darstellung einer
Gasturbinenanlage mit geschlossenem Kreislauf. W_1 = erster durch Abgas beheizter Wärmeaustauscher; W_2 zweiter von außen beheizter Wärmeaustauscher; K = Kühler; die anderen Bezeichnungen vgl. Abb.8.8.

W_1 und im Kühler K bis etwa auf die Umgebungstemperatur heruntergekühlt wurde.
Da hier immer wieder das gleiche Arbeitsmedium den Kreislauf durchläuft, muß hier
anstelle der beim offenen Kreislauf benutzten Brennkammer ein zweiter von außen
beheizter Wärmeaustauscher W_2 benutzt werden. So entsteht die in Abb.8.11 schematisch dargestellte Gasturbinenanlage mit geschlossenem Kreislauf.

Eine Gasturbinenanlage mit geschlossenem Kreislauf hat gegenüber einer Einwellen-
Gasturbinenanlage mit offenem Kreislauf (Abb.8.10) folgende Vorteile bzw. Nachteile: Vorteilhaft sind bessere Wirkungsgrade bei Teillast (zur Leistungsänderung wird
das Druckniveau im Kreislauf und damit die Dichte des Arbeitsgases verändert) und
die Unempfindlichkeit gegenüber der Art des Brennstoffes. Für Gasturbinenanlagen,
die mit Kernenergie beheizt werden, kommen nur Anlagen mit geschlossenem Kreis-

lauf in Betracht. Nachteilig ist der große Bauaufwand des von außen beheizten Wärmeaustauschers W_2.

Die Wirkungsgrade bei Teillast von Anlagen mit offenem Kreislauf kann man verbessern, indem man von der Einwellenanlage auf eine Mehrwellenanlage übergeht, worauf hier nicht näher eingegangen werden soll.

8.7. Windräder

Windräder sind Windturbinen, die die Aufgabe haben, die kinetische Energie des Windes in mechanische Arbeit umzuwandeln. Abb.8.12 zeigt in schematischer, verein-

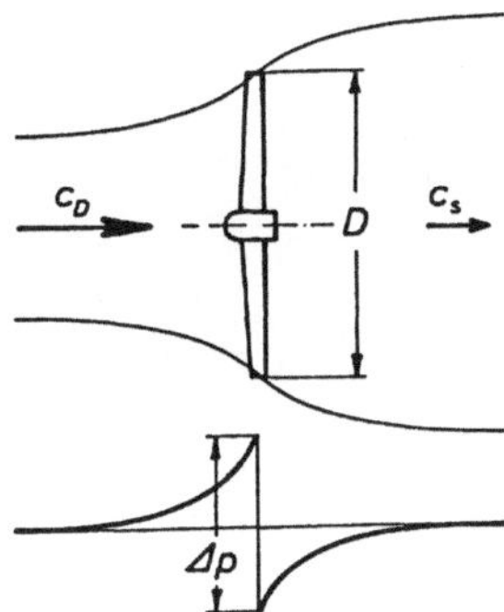

Abb.8.12. Windrad mit Geschwindigkeits- und Druckverlauf. D = Durchmesser des Windrades; c_D bzw. c_s = Windgeschwindigkeiten weit vor bzw. hinter dem Windrad; Δp = stat. Druckdifferenz am Windrad.

fachter Darstellung ein Windrad mit dem Verlauf des stat. Druckes vor und hinter dem Windrad. Aus diesem Druckverlauf erkennt man, daß das Windrad als Überdruckturbine (vgl. Abschn. 2.4) arbeitet, obwohl es die Geschwindigkeitsenergie der Luft ausnutzt.

Die dem Windrad dargebotene spez. Energie ist die Differenz der Geschwindigkeitsenergien des Windes weit vor und weit hinter dem Windrad:

$$Y = \frac{c_D^2 - c_S^2}{2}. \qquad (8,20)$$

Die dem Windrad dargebotene Leistung errechnet sich aus Gl.(1,6) zu

$$P_{Fluid} = \dot{m}\,Y = \rho\,\dot{V}\,Y = \rho\,\frac{D^2\pi}{4}\,\frac{c_D + c_S}{2}\,\frac{c_D^2 - c_S^2}{2}. \qquad (8,21)$$

Man erhält für P_{Fluid} einen Maximalwert, wenn man $c_S = c_D/3$ setzt. Damit geht Gl.(8,21) über in

$$P_{Fluid} = \rho\,\frac{D^2\pi}{4}\,\frac{8}{27}\,c_D^3. \qquad (8.22)$$

Die Bedeutung der in den vorstehenden Gln. benutzten Bezeichnungen ist aus Abb.8.12 zu entnehmen.

Die Erzeugung einer nennenswerten Leistung mit Hilfe eines Windrades erfordert einen erheblichen Bauaufwand. Bei einer Windgeschwindigkeit $c_D = 6\,m/s$ und einem äußeren Durchmesser $D = 5\,m$ ergibt Gl.(8,22) für atmosphärische Luft $P_{Fluid} = 1,5\,kW$. Wenn man den Wirkungsgrad $\eta = 0,4$ bis $0,8$ schätzt, errechnet sich daraus eine Nutzleistung $P = \eta P_{Fluid} = 0,6$ bis $1,2\,kW$.

Moderne Windräder werden als Schnelläufer ausgeführt, die nur wenige (2 bis 4) profilierte Schaufeln haben. Diese Laufschaufeln sind meist (ähnlich wie bei einer Kaplanturbine) verstellbar.

9. Hydrodynamische Wandler

Hydrodynamische Wandler umfassen die Strömungskupplungen und die Strömungsgetriebe; diese werden nach ihrem Erfinder auch Föttinger-Kupplungen bzw. Föttinger-
Getriebe genannt.

In einem hydrodynamischen Wanlder überträgt ein Kreiselpumpenlaufrad Arbeit auf
einen Flüssigkeitsstrom; diese Arbeit wird in einem hinter dem Kreiselpumpenlaufrad angeordneten Turbinenlaufrad der Flüssigkeit entzogen. Als Flüssigkeit wird meist
Öl benutzt.

Die Vorteile eines hydrodynamischen Wandlers gegenüber einem mechanischen Getriebe bzw. einer mechanischen Kupplung sind: Geräuschlosigkeit, gute Schwingungsdämp-
fung, große Betriebssicherheit und praktisch keine Abnutzung, da keine Bauteile mechanisch im Eingriff sind. Diesen Vorteilen steht der Nachteil gegenüber, daß ein hy-
drodynamischer Wandler einen schlechteren Wirkungsgrad als ein mechanisches Getriebe bzw. eine mechanische Kupplung hat.

9.1. Strömungskupplung (Drehzahlwandler)

Im Flüssigkeitskreislauf einer Strömungskupplung befinden sich nur das Kreiselpumpenlaufrad und das Turbinenlaufrad (Abb.9.1). Da ein mit der ruhenden Umgebung

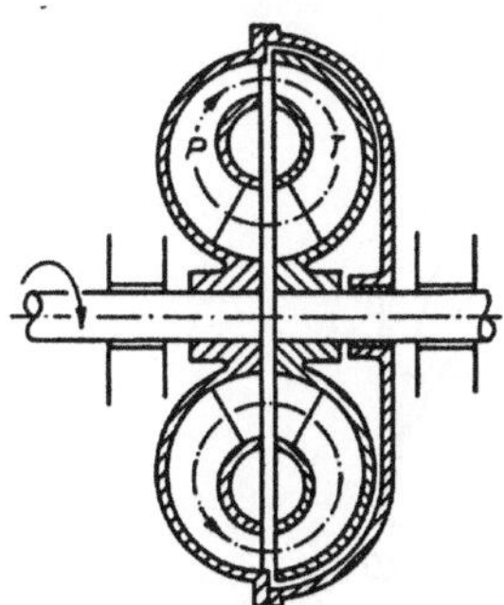

Abb.9.1. Schematische Darstellung einer Strömungskupplung. P = Pumpenlaufrad; T = Turbinenlaufrad.

verbundenes Leitrad fehlt, muß das Drehmoment des Pumpenlaufrades M_P gleich dem
Drehmoment des Turbinenlaufrades M_T sein. Es ist also

$$M_P = M_T = M. \qquad (9,1)$$

Man spricht bei einer Strömungskupplung also nur von dem übertragenen Drehmoment M.

Wenn man die sich auf die Pumpe beziehenden Größen mit dem Fußzeichen P und die sich auf die Turbine beziehenden Größen mit dem Fußzeichen T bezeichnet, sind die Leistungen P_P und P_T

$$P_P = M\,\omega_P \quad \text{und} \quad P_T = M\,\omega_T , \qquad\qquad (9,2)$$

wobei ω_P und ω_T die Winkelgeschwindigkeiten bezeichnen. Aus Gl.(9,2) ergibt sich der Wirkungsgrad η der Strömungskupplung

$$\eta = \frac{P_T}{P_P} = \frac{\omega_T}{\omega_P} = \frac{n_T}{n_P} , \qquad\qquad (9,3)$$

mit n = Drehzahl der betrachteten Welle.

Die Schaufelwinkel β_1 und β_2 (vgl. Abb.2.1) des Pumpenlaufrades und des Turbinenlaufrades einer Strömungskupplung werden stets gleich $\beta_{1P} = \beta_{2P} = \beta_{1T} = \beta_{2T} = 90°$ ausgeführt.

Abb.9.2 zeigt für eine Strömungskupplung, die mit konstant bleibender Drehzahl n_P angetrieben wird, den Verlauf des übertragenen Drehmomentes M, der Leistungen P_P und P_T und des Wirkungsgrades. In Abb.9.2 ist der Reibungsverlust des in der

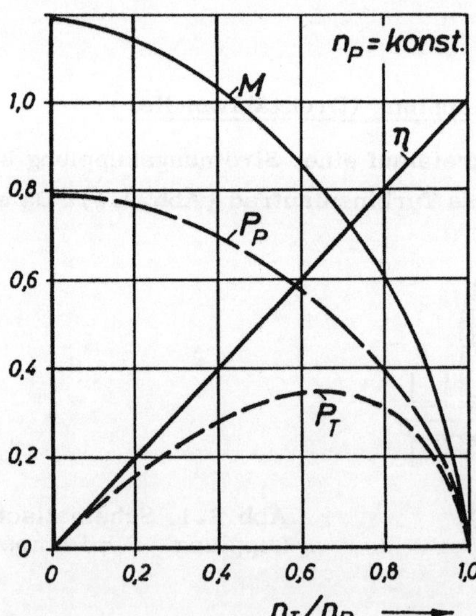

Abb.9.2. Kennlinien einer Strömungskupplung.

atmosphärischen Luft umlaufenden Gehäuses vernachlässigt; bei Berücksichtigung dieses Reibungsverlustes müßte der Wirkungsgrad η bei dem Drehzahlverhältnis $n_T/n_P = 1$ auf Null abfallen.

Die Verlustleistung P_V

$$P_V = P_P - P_T = P_P \left(1 - \frac{n_T}{n_P}\right) \qquad (9,4)$$

muß als Wärme aus dem Flüssigkeitskreislauf abgeführt werden. Bei kleinen Verlustleistungen, d.h. bei Strömungskupplungen die im Dauerbetrieb stets mit kleinem Schlupf $s = (n_P - n_T)/n_P$ arbeiten, genügt in der Regel die Kühlung an der Oberfläche des Gehäuses. Um eine möglichst große Kühlwirkung zu erreichen, läßt man das Gehäuse mit der größtmöglichen Drehzahl (das ist die Drehzahl n_P) umlaufen. Falls eine solche Strömungskupplung entgegen der Erwartung mit großem Schlupf betrieben wird, wird die Flüssigkeit und damit die gesamte Strömungskupplung zu stark erwärmt. Um Überhitzungsschäden zu vermeiden, sind solche Strömungskupplungen häufig am äußeren Umfang des Gehäuses mit einem Stopfen aus Kunststoff ausgerüstet, der beim Erreichen einer bestimmten Grenztemperatur weich wird und durch die Fliehkraft herausfliegt. So wird eine sofortige Entleerung und damit Entlastung der Kupplung bewirkt.

Bei großen Verlustleistungen P_V ist eine Zusatzkühlung erforderlich. Hierbei wird im Nebenschluß laufend Flüssigkeit aus dem Kreislauf gegen gekühlte Flüssigkeit ausgetauscht.

Man bezeichnet Strömungskupplungen auch als Drehzahlwandler, weil wie aus Abb.9.2 zu ersehen ist, das Drehzahlverhältnis n_T/n_P zwischen Null und Eins variiert werden kann, wobei allerdings die Wirkungsgradverschlechterung bei kleinen Drehzahlverhältnissen (vgl. Gl.(9,3)) sehr nachteilig ist.

Das Drehmoment, welches von einer bestimmten Strömungskupplung bei einem vorgegebenen Drehzahlverhältnis n_T/n_P übertragen wird, ist der Dichte der Füllflüssigkeit proportional. Man kann das übertragene Drehmoment verringern, indem man einen Teil der Füllflüssigkeit durch Luft ersetzt, die Strömungskupplung also mit einem Luft-Flüssigkeitsgemisch füllt.

9.2. Strömungsgetriebe (Drehmomentenwandler)

Bei einem Strömungsgetriebe (Abb.9.3) ist im Gegensatz zur Strömungskupplung ein mit der ruhenden Umgebung verbundenes Leitrad vorhanden. Es ist somit

$$M_P = M_T + M_{Leit}, \qquad (9,5)$$

wobei das vom Leitrad übertragene Drehmoment M_{Leit} positiv oder auch negativ sein kann.

Jedes Strömungsgetriebe, welches prinzipiell der Abb.9.3 entspricht, ist für ein bestimmtes Übersetzungsverhältnis ausgelegt. Die Schaufelwinkel des Pumpenlaufrades, des Turbinenlaufrades und des Leitrades werden durch das Übersetzungsverhältnis und die Anordnung der Beschaufelung bestimmt. Sobald das im Betrieb vorliegende Übersetzungsverhältnis n_T/n_P von dem Übersetzungsverhältnis der Auslegung nennenswert abweicht, fällt der Wirkungsgrad des Strömungsgetriebes erheblich ab (vgl. Abb.9.4). Um nun bei mehreren Übersetzungsverhältnissen oder in einem größeren

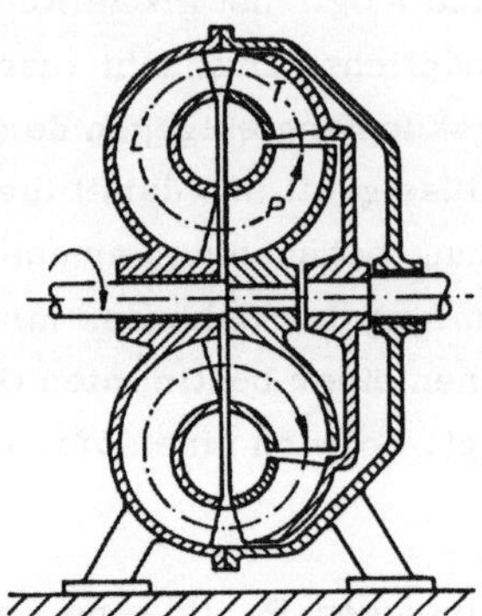

Abb.9.3. Schematische Darstellung eines Strömungsgetriebes. P = Pumpenlaufrad; T = Turbinenlaufrad; L = Leitrad.

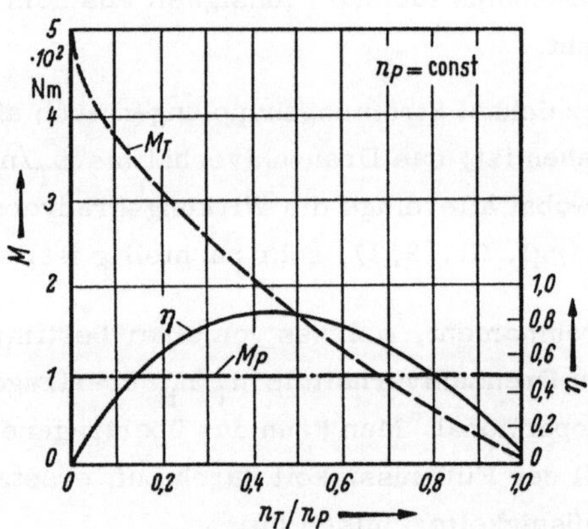

Abb.9.4. Kennlinien eines Strömungsgetriebes.

Bereich des Übersetzungsverhältnisses einen guten Wirkungsgrad zu erhalten, gibt es verschiedene konstruktive Möglichkeiten:

a) Es gibt Strömungsgetriebe, bei denen der Anstellwinkel der Leitschaufeln während des Betriebes verstellbar ist.

b) Beim Trilok-Getriebe ist das Leitrad nicht starr, sondern z.B. über eine Freilaufsperre mit der ruhenden Umgebung verbunden; wenn das Leitrad frei rotiert, kann es kein Drehmoment auf die ruhende Umgebung übertragen und das Getriebe arbeitet als Kupplung.

c) Es gibt Strömungsgetriebe, bei denen in einem Gehäuse mehrere Kreisläufe eingebaut sind, die je nach dem gewünschten Bereich des Übersetzungsverhältnisses abwechselnd mit der Füllflüssigkeit gefüllt werden.

10. Strahlantriebe

Unter Strahlantrieb wird nachstehend der Antrieb von Luft- und Wasserfahrzeugen mittels Propeller oder Strahltriebwerk verstanden. Hierbei wird mittels einer Strömungsmaschine ein Luft- bzw. Wasserstrahl vom Fahrzeug nach hinten ausgeworfen. Diese Strahlantriebe sind somit ein wichtiges Einsatzgebiet der Strömungsmaschinen, weshalb die Funktion und die sich daraus ergebenden Beurteilungskriterien dieser Strahlantriebe hier behandelt werden.

10.1. Grundlagen der Strahlantriebe

In Abb. 10.1 ist schematisch ein Strahltriebwerk dargestellt, welches sich mit der Geschwindigkeit v gegenüber der Luft bewegt. Im Querschnitt I wird die Luft vom herannahenden Strahltriebwerk noch nicht beeinflußt; vom Strahltriebwerk gesehen bewegt sich im Querschnitt I die Luft mit der Geschwindigkeit v auf das Strahltriebwerk zu. Der vom Strahltriebwerk angesaugte Luftmassestrom $\dot{m}$ bewirkt somit analog Gl. (2,1) die Impulskraft

$$F_I = \dot{m}\, v. \qquad (10,1)$$

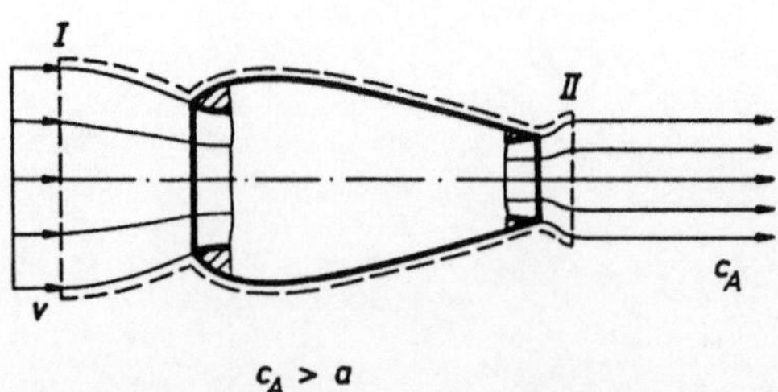

Abb. 10.1. Strahltriebwerk

Im Strahltriebwerk befindet sich eine im offenen Kreislauf arbeitende Gasturbine
(vgl. Abb.8.8 und Abb.10.3), bei der die Turbine nur den Verdichter antreibt und
selbst keine Nutzleistung abgibt. Das aus der Turbine abströmende Gas ist gegenüber dem im Querschnitt II herrschenden Umgebungsdruck noch energiebeladen. Es
wird in einer Überschalldüse auf die Überschallgeschwindigkeit c_A beschleunigt,
wobei diese Beschleunigung, wie in Abb.10.1 dargestellt, auch teilweise in Form
einer Nachexpansion außerhalb der Düse erfolgen kann. Wenn $\dot{m}_B$ den Massenstrom
des in der Brennkammer der Gasturbinenanlage zugeführten Brennstoffes bezeichnet, entsteht am Querschnitt II die Impulskraft

$$F_{II} = (\dot{m} + \dot{m}_B)c_A. \qquad (10,2)$$

Wenn man die Querschnitte I und II entsprechend der in Abb.10.1 gestrichelt einge-
zeichneten Linie zu einer Kontrollfläche zusammenfaßt und die Reibungsverluste an
der Oberfläche des Strahltriebwerks vernachlässigt, ist die vom Strahltriebwerk
auf das Flugzeug ausgeübte S c h u b k r a f t

$$S = F_{II} - F_I = (\dot{m} + \dot{m}_B)c_A - \dot{m}v. \qquad (10,3)$$

Bei Strahltriebwerken beträgt der Massestrom des Brennstoffes $\dot{m}_B$ etwa 2% des
Luftmassestroms $\dot{m}$. Zur Vereinfachung der Betrachtung wollen wir den Einfluß
von $\dot{m}_B$ auf die Schubkraft vernachlässigen und setzen in Gl.(10,3) $\dot{m}_B = 0$. Wir
erhalten

$$S \approx \dot{m}(c_A - v). \qquad (10,4)$$

Gl.(10,4) kann auch zur Berechnung der Schubkraft S eines Propellerantriebs benutzt werden (vgl. hierzu Abb.10.2). v bezeichnet auch hier die Fahrzeuggeschwindigkeit und somit die Zuströmgeschwindigkeit im Querschnitt I des noch unbeeinfluß-
ten Fluids (Luft oder Wasser) zum Propeller. Die Geschwindigkeit c_A ist die axiale
Komponente der Abströmgeschwindigkeit des Fluids im Querschnitt II, wo das
Fluid den Umgebungsdruck erreicht hat. Am Propeller selbst entsteht eine gegenüber dem in Abb.8.12 dargestellten Windrad umgekehrte Druckdifferenz, die die

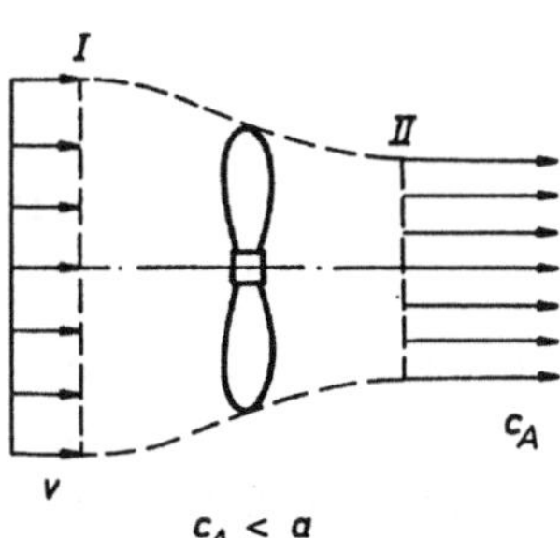

Abb.10.2. Propellerantrieb

Beschleunigung des Fluids bewirkt. Bei einem Propellerantrieb ist die Berechnung der Schubkraft S mittels Gl.(10,4) nur grob angenähert möglich, da die tatsächliche Geschwindigkeitsverteilung im Querschnitt II sehr ungleichmäßig ist.

Während bei einem Strahltriebwerk die Geschwindigkeit c_A in der Regel größer als die Schallgeschwindigkeit a ist, ist bei einem Propellertriebwerk die Geschwindigkeitskomponente c_A stets kleiner als die Schallgeschwindigkeit. Dies bedeutet, daß die Geschwindigkeit v eines Flugzeugs mit Propellerantrieb erheblich unter der Schallgeschwindigkeit a liegen muß.

Wenn bei einem Strahlantrieb die Abströmgeschwindigkeit c_A und der Massestrom $\dot{m}$ konstant bleiben, wird gemäß Gl.(10,4) die Schubkraft S linear mit steigender Fahrzeuggeschwindigkeit v kleiner. Tatsächlich werden aber bei Strahltriebwerken wegen der Stauaufladung bei Fluggeschwindigkeiten von über 500 km/h der Massestrom $\dot{m}$ und die Geschwindigkeit c_A größer, wodurch in diesem Geschwindigkeitsbereich die Schubkraft mit steigender Fluggeschwindigkeit v ansteigt. Bei v = 900 bis 1000 km/h wird etwa wieder die Standschubkraft erreicht. Was bei einer Steigerung der Fluggeschwindigkeit v über 1000 km/h hinaus geschieht, hängt davon ab, ob der Einlauf des Strahltriebwerks für Überschallflug konstruiert ist.

Das Produkt aus Schubkraft S und Fahrzeuggeschwindigkeit v ergibt die S c h u b - l e i s t u n g

$$P_{Schub} = S \cdot v = \dot{m}(c_A - v)v, \qquad (10,5)$$

mit der das Fahrzeug angetrieben wird. Im Stand (v = 0) ist $P_{Schub} = 0$. Bei einer Fahrzeuggeschwindigkeit $v = c_A$ wäre S = 0 und somit auch $P_{Schub} = 0$. Wenn man zunächst den Massestrom $\dot{m}$ und die Strahlgeschwindigkeit c_A als konstante Größen betrachtet, wäre bei der Fahrzeuggeschwindigkeit $v = c_A/2$ die Schubleistung P_{Schub} ein Maximum. Tatsächlich nimmt aber bei Strahltriebwerken wegen der Stauaufladung die Schubleistung P_{Schub} mit wachsender Fahrzeuggeschwindigkeit v meist ständig zu.

Die T r i e b s w e r k s l e i s t u n g P_{Tr} ist die Leistung des Triebwerkes, die sich aus der Beschleunigung des Massestromes von der Fahrzeuggeschwindigkeit v auf die Strahlgeschwindigkeit c_A ergibt.

$$P_{Tr} = \dot{m}\,\frac{c_A^2 - v^2}{2} \qquad (10,6)$$

Die Triebwerksleistung P_{Tr} ist somit die in Gl.(1,6) angegebene Fluidleistung P_{Fluid} des Triebwerks, wobei in den Abb.10.1 und 10.2 die Querschnitte I und II als Saug- und Druckstutzen betrachtet werden, in denen der gleiche statische Druck herrscht und die auf gleicher Höhe liegen (vgl. hierzu Gl.(1,8)).

Der V o r t r i e b s w i r k u n g s g r a d η_V ist das Verhältnis der Schubleistung zur
Triebwerksleistung.

$$\eta_V = \frac{P_{Schub}}{P_{Tr}} = \frac{2(c_A - v)v}{c_A^2 - v^2} = \frac{2v}{c_A + v} = \frac{2}{1 + \dfrac{c_A}{v}} \qquad (10,7)$$

oder

$$\eta_V = \frac{2v}{c_A + v} = \frac{2v}{2v + (c_A - v)} = \frac{1}{1 + \dfrac{c_A - v}{2v}} \qquad (10,8)$$

Im Stand $(v = 0)$ ist $\eta_V = 0$. Der Wert $\eta_V = 1$ läßt sich nicht erreichen, da dann
$c_A = v$ und somit der Schub gleich Null wäre. Zur Erzielung eines guten Vortriebs-
wirkungsgrades ist es zweckmäßig, die Strahlgeschwindigkeit c_A nicht viel größer
als die Fahrzeuggeschwindigkeit v zu wählen.

Beispielsweise sind zur Konstruktion eines Schiffspropellers die gewünschte Schiffs-
geschwindigkeit v und die hierfür erforderliche Schubkraft S gegeben. Man wählt
c_A etwas größer als v. Damit sind durch Gl.(10,4) $\dot{m}$ und durch Gl.(1.2) die Fläche
und damit der äußere Durchmesser des Schiffspropellers festgelegt. Die Strömungsgeschwindigkeiten bestimmen die Umfangsgeschwindigkeit und damit die Drehzahl
des Schiffspropellers. Bei großen Schiffen liegt diese Drehzahl häufig etwa zwischen 50 und 150 U/min.

10.2. Kenngrößen und deren Abhängigkeit von den Geschwindigkeiten

Zur Kennzeichnung eines Strahltriebwerks benutzt man häufig die auf den Massestrom bezogene Schubkraft S'.

$$S' = \frac{S}{\dot{m}} = \frac{\dot{m}(c_A - v)}{\dot{m}} = c_A - v \qquad (10,9)$$

Die auf den Massestrom bezogene Schubkraft S' ist somit gleich der Geschwindigkeitsdifferenz $c_A - v$.

Hat beispielsweise ein Strahltriebwerk bei einem bestimmten Betriebspunkt eine auf
den Massestrom bezogene Schubkraft in der früher üblichen nichtkohärenten Einheit
kp:

$$S' = 50 \frac{kp}{kg/s},$$

so errechnet sich daraus in kohärenten Einheiten

$$S' = 50 \cdot 9,81 \frac{N}{kg/s} = 490,5 \frac{N}{kg/s} = 490,5 \text{ m/s.}$$

Somit ist hier die Geschwindigkeitsdifferenz $c_A - v = 490,5$ m/s.

Die auf den Massestrom (in kg/s) bezogene Schubleistung ist die auf 1 kg Luft bezogene Schubarbeit. Diese spez. Schubarbeit bezeichnen wir mit Y_{Schub}. Es ist

$$Y_{Schub} = \frac{P_{Schub}}{\dot{m}} = \frac{S\,v}{\dot{m}} = (c_A - v)v. \qquad (10,10)$$

Die auf den Massestrom bezogene Triebswerksleistung ist die spez. Triebwerksarbeit

$$Y_{Tr} = \frac{P_{Tr}}{\dot{m}} = \frac{c_A^2 - v^2}{2}. \qquad (10,11)$$

Die spez. Schubarbeit Y_{Schub} und die spez. Triebwerksarbeit Y_{Tr} haben die kohärente Einheit

$$\frac{Watt}{kg/s} = \frac{J}{kg} = \frac{Nm}{kg} = \frac{m^2}{s^2}.$$

10.3. Die verschiedenen Triebwerksarten und ihre Anwendung

Das in Abb.10.3 schematisch dargestellte Strahltriebwerk, bei welchem in der Düse nur der aus der Turbine austretende Gasstrom entspannt wird, nennt man TL-Triebwerk (Turbinen-Luftstrahl-Triebwerk). In Abschn.10.1 wurde bereits erwähnt, daß bei diesen Triebwerken die Geschwindigkeit c_A in der Regel eine Überschallgeschwindigkeit ist. Mit Rücksicht auf einen brauchbaren Vortriebswirkungsgrad η_V benutzt man TL-Triebwerke nur zum Antrieb sehr schneller Flugzeuge, d.h. vor allem für Überschallflugzeuge.

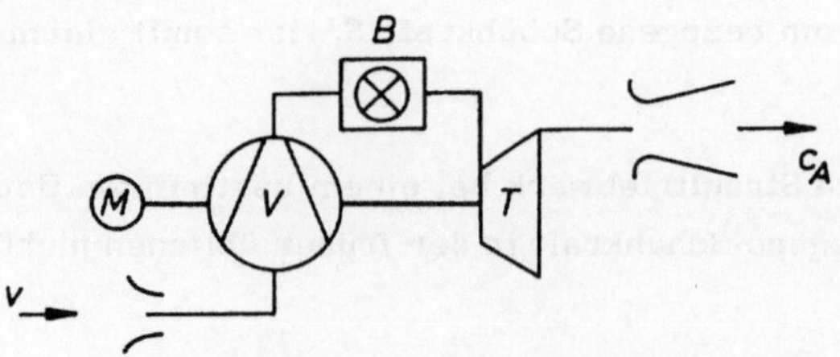

Abb.10.3. Schematische Darstellung eines TL-Triebwerks. B = Brennkammer, M = Anwurfmotor, T = Turbine, V = Verdichter, v = Fluggeschwindigkeit, c_A = Abströmgeschwindigkeit

Das in Abb.10.4 schematisch dargestellte PTL-Triebwerk (Propeller-Turbinen-Luft-
strahl-Triebwerk) kann man sich aus dem in Abb.10.3 dargestellten TL-Triebwerk
in der Weise entstanden denken, daß die Schubdüse durch eine Abgasturbine ersetzt
wurde, die über ein Getriebe den Propeller antreibt. Natürlich kann dabei das aus
der Abgasturbine abströmende Gas zur Vergrößerung der Schubkraft mit beitragen.
Wie in Abschn.10.1 bereits erwähnt, sind Propellertriebwerke nur für Flugzeuge
geeignet, deren Fluggeschwindigkeit erheblich unter der Schallgeschwindigkeit
liegt.

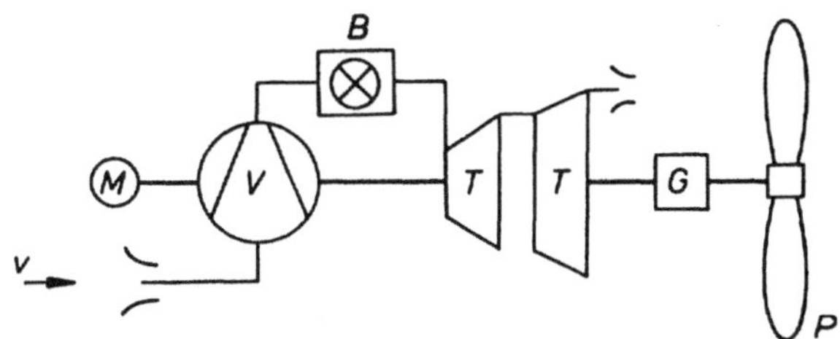

Abb.10.4. Schematische Darstellung eines PTL-Triebwerks. G = Getriebe,
P = Propeller.

Verkehrsflugzeuge haben häufig Geschwindigkeiten, die im Bereich zwischen 800
und 900 km/h liegen. Dieser Geschwindigkeitsbereich ist für PTL-Triebwerke zu
hoch und für TL-Triebwerke zu gering. Für Verkehrsflugzeuge werden deshalb häufig ZTL-Triebwerke (Zweistrom-Turbinen-Luftstrahl-Triebwerke) bevorzugt. Ein
ZTL-Triebwerk ist schematisch in Abb.10.5 dargestellt.

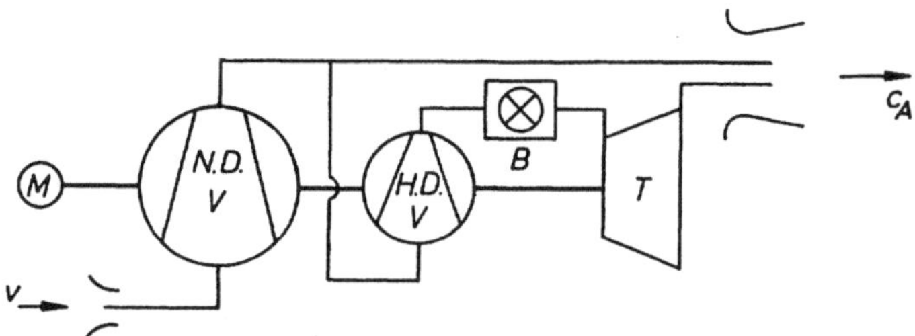

Abb.10.5. Schematische Darstellung eines ZTL-Triebwerks. N.D.V = Niederdruck-
verdichter, H.D.V = Hochdruckverdichter

Ein besonders großer Luftmassestrom $\dot{m}$ wird zunächst in einem Niederdruckver-
dichter vorverdichtet. Nur ein Teil dieses Massestroms strömt dann weiter durch
Hochdruckverdichter, Brennkammer und Turbine, die die beiden Verdichter antreibt. In der Düse des ZTL-Triebwerks werden sowohl der Abgas-Massestrom der
Turbine und der restliche Teil des Luft-Massestroms des Niederdruckverdichters
entspannt. Ein ZTL-Triebwerk arbeitet mit einem erheblich größeren Massestrom $\dot{m}$

und mit einer erheblich kleineren Gasgeschwindigkeit c_A als ein TL-Triebwerk.
So hat das ZTL-Triebwerk bei der für Verkehrsflugzeuge üblichen Reisegeschwindig-
keit von 800 bis 900 km/h einen recht günstigen Vortriebswirkungsgrad. Im Gegensatz zu dem in Abb. 10.5 dargestellten ZTL-Triebwerk werden bei ausgeführten Konstruktionen der Abgas-Massestrom der Turbine und der Luft-Massestrom oft in ge-
trennten und konzentrisch angeordneten Düsen entspannt und die Turbine in Hoch-
druck- und Niederdruck-Turbine unterteilt, die jeweils den Hochdruck-Verdichter
und den Niederdruck-Verdichter antreiben.

Literaturverzeichnis

1 Pfleiderer, C.; Petermann, H.: Strömungsmaschinen, 5. Aufl., Berlin, Heidelberg, New York: Springer 1986.

2 Dubbel: Taschenbuch für den Maschinenbau, 15. Aufl., Berlin, Heidelberg,
New York: Springer 1986.

3 Pfleiderer, C.: Die Kreiselpumpen für Flüssigkeiten und Gase, 5. Aufl., Berlin,
Heidelberg, New York: Springer 1961.

4 Petermann, H.: Konstruktionen und Bauelemente von Strömungsmaschinen, Berlin, Heidelberg, New York: Springer 1960.

E. Windemuth

Strömungstechnik

Grundlagen, Maschinen, Anwendungen

1984. 379 Abbildungen. XI, 321 Seiten.
Broschiert DM 78,–. ISBN 3-540-13248-1

Strömungstechnische Probleme finden sich in nahezu allen Bereichen der Naturwissenschaften wie auch in unserer unmittelbaren Umwelt. Strömungsmaschinen sind, sei es als autonome Anlage oder als Hilfsaggregat, in sehr vielen Gebieten der Technik anzutreffen.

Das vorliegende Buch stellt sich die Aufgabe, in gestraffter Form gemeinsam die strömungstechnischen Grundlagen, eine allgemeine Maschinenkunde zu sämtlichen Bauarten der Strömungsmaschinen und einzelne spezifische Anlagen darzustellen, welche typische Strömungsmaschinen enthalten oder deren Wirkungsweise nur aus der Sicht dieses Fachgebietes verständlich wird. Den Ausführungen über die strömungstechnischen Grundlagen ist eine Reihe von durchgerechneten Übungsaufgaben beigefügt, die Behandlung der Maschinen wird in einigen wesentlichen Fällen durch einfache Auslegungsbeispiele ergänzt.

Das Buch ist vom Techniker für den Techniker geschrieben. Es soll dem Studenten helfen, die Vielfalt der Probleme dieses Fachgebietes zu überschauen und zu verstehen; es kann dem Betriebsexperten die Lösung mancher Fragen erleichtern. Mathematische Anforderungen sind bewußt reduziert worden und finden sich nur an jenen Stellen, wo eine mathematische Herleitung für die Aussagekraft einer Beziehung oder zur Aufklärung eines Sachverhaltes unbedingt erforderlich ist.

Springer-Verlag
Berlin Heidelberg New York
London Paris Tokyo

E. Truckenbrodt

Lehrbuch der angewandten Fluidmechanik

1983. 118 Abbildungen. XIX, 236 Seiten.
Broschiert DM 88,–. ISBN 3-540-12407-1

Mit dem **Lehrbuch der angewandten Fluidmechanik**
kommt der Verfasser dem Wunsch nach, seine seit
25 Jahren an der Technischen Universität München für
Studierende des Maschinenwesens (Maschinenbau, Ver-
fahrenstechnik, Luft- und Raumfahrt) gehaltene einfüh-
rende zweisemestrige, durch Übungen ergänzte Pflichtvor-
lesung „Strömungsmechanik" als Lehrbuch herauszuge-
ben. Sein Hauptanliegen besteht darin, neben der Darstellung der physikalischen und theoretischen Gesetzmäßig-
keiten der Fluidmechanik ein vertieftes Verständnis durch
weitgehend auf dem Impulssatz aufbauende grundlegende
Anwendungsbeispiele zu vermitteln. Die Lösungswege
sind ausführlich aufgezeigt, was den Benutzer befähigt,
auch verwandte Problemstellungen zu verstehen. Der
anspruchsvolle Inhalt ist mit anschaulichen Abbildungen
versehen.

Das Buch wendet sich an Studierende der Technischen
Universitäten und Fachhochschulen, die über Grundkenntnisse in den Fächern Physik, Mechanik, Thermodynamik
und Mathematik verfügen. Durch ein begleitendes
Studium des vom gleichen Verfasser 1980 herausgegebe-
nen zweibändigen Buches „Fluidmechanik" und der dort
angegebenen Literaturhinweise kann der Stoff vertieft
werden.

Springer-Verlag
Berlin Heidelberg New York
London Paris Tokyo